上海市工程建设规范

绿色生态城区评价标准

Assessment standard for green ecological urban area

DG/TJ 08—2253—2024
J 14150—2024

主编单位：上海市建筑科学研究院有限公司
　　　　　中建研科技股份有限公司上海分公司
批准部门：上海市住房和城乡建设管理委员会
施行日期：2024 年 7 月 1 日

U0347472

同济大学出版社

2024　上海

图书在版编目(CIP)数据

绿色生态城区评价标准 / 上海市建筑科学研究院有限公司,中建研科技股份有限公司上海分公司主编. —上海:同济大学出版社,2024.7

ISBN 978-7-5765-0997-7

Ⅰ. ①绿… Ⅱ. ①上… ②中… Ⅲ. ①生态城市-评价标准-上海 Ⅳ. ①X321.2-34

中国国家版本馆 CIP 数据核字(2024)第 105016 号

绿色生态城区评价标准

上海市建筑科学研究院有限公司
中建研科技股份有限公司上海分公司　　　主编

责任编辑　朱　勇
责任校对　徐春莲
封面设计　陈益平

出版发行　同济大学出版社　　www.tongjipress.com.cn
　　　　　(地址:上海市四平路 1239 号　邮编:200092　电话:021－65985622)
经　　销　全国各地新华书店
印　　刷　苏州市古得堡数码印刷有限公司
开　　本　889mm×1194mm　1/32
印　　张　4.875
字　　数　122 000
版　　次　2024 年 7 月第 1 版
印　　次　2024 年 11 月第 2 次印刷
书　　号　ISBN 978-7-5765-0997-7
定　　价　50.00 元

上海市住房和城乡建设管理委员会文件

沪建标定〔2024〕24 号

上海市住房和城乡建设管理委员会关于 批准《绿色生态城区评价标准》为 上海市工程建设规范的通知

各有关单位：

由上海市建筑科学研究院有限公司、中建研科技股份有限公司上海分公司主编的《绿色生态城区评价标准》，经我委审核，现批准为上海市工程建设规范，统一编号为 DG/TJ 08—2253—2024，自 2024 年 7 月 1 日起实施。原《绿色生态城区评价标准》(DG/TJ 08—2253—2018)同时废止。

本标准由上海市住房和城乡建设管理委员会负责管理，上海市建筑科学研究院有限公司负责解释。

上海市住房和城乡建设管理委员会

2024 年 1 月 16 日

前　言

根据上海市住房和城乡建设管理委员会《关于公布 2022 年度上海市工程建设规范复审结果的通知》(沪建标定〔2021〕819号)要求,本标准由上海市建筑科学研究院有限公司、中建研科技股份有限公司上海分公司会同相关单位,在 2018 年版标准的基础上修订而成。

本标准的主要内容有:总则;术语;基本规定;区域总体;韧性安全;健康宜居;低碳高效;经济活力;智慧管控;特色与创新。

本次修订的主要内容有:

1. 融合新一轮上海高品质城市绿色低碳发展需求,突出特色鲜明,构建"1＋5＋1"七类绿色生态城区评价指标体系。其中,"1"为区域总体指标,"5"为韧性安全、健康宜居、低碳高效、经济活力和智慧管控五类指标,"1"为特色与创新指标。

2. 增加绿色生态城区"基本级",助力实现"全面绿"的绿色生态城区目标。

3. 强化更新城区内容,指导上海城市更新中的绿色低碳建设。

4. 优化评价方法,修改部分条文,提升了操作性。

各单位及相关人员在本标准执行过程中,如有意见及建议,请反馈至上海市住房和城乡建设管理委员会(地址:上海市大沽路 100 号;邮编:200003;E-mail:shjsbzgl@163.com),上海市建筑科学研究院有限公司(地址:上海市宛平南路 75 号;邮编:200032;E-mail:rd@sribs.com.cn),上海市建筑建材业市场管理总站(地址:上海市小木桥路 683 号;邮编:200032;E-mail:shgcbz@163.com),以供今后修订时参考。

主 编 单 位:上海市建筑科学研究院有限公司
中建研科技股份有限公司上海分公司
参 编 单 位:上海市绿色建筑协会
上海市城市规划设计研究院
上海市政工程设计研究总院(集团)有限公司
上海市环境科学研究院
同济大学
上海财经大学
上海碳之衡能源科技有限公司
中建科技集团有限公司
建学建筑与工程设计所有限公司
参 加 单 位:万科企业股份有限公司
上海商汤智能科技有限公司
上海山恒生态科技股份有限公司
主要起草人:孙　桦　孙妍妍　韩继红　杨建荣　潘洪艳
赵一丹　陈　嫣　周晓娟　张改景　王　婧
邱喜兰　邹　寒　杨国淑　袁应根　黄宇驰
赵哲毅　孙明明　张　颖　蒋姣龙　岳志铁
孙大明　许嘉炯　马素贞　张　俊　汤　鹏
高海军　于　兵　戴璐明　王何斌　王燕霞
主要审查人:陈众励　马伟骏　黄　瑾　陈铁峰　翟晓强
孙　娟　周　燕

上海市建筑建材业市场管理总站

目　次

Contents

1 总　　则

1.0.1 为推进上海城市绿色低碳发展,改善城市生态环境,提升城区人居品质,规范本市绿色生态城区的评价,制定本标准。

1.0.2 本标准适用于新建城区和更新城区的绿色生态评价。

1.0.3 绿色生态城区的评价应遵循因地制宜的原则,结合城区所在地域的气候、资源、环境、产业、人文等特点,对城区全寿命期的区域总体、韧性安全、健康宜居、低碳高效、经济活力、智慧管控等进行综合评价,并鼓励城区在特色与创新方面发展。

1.0.4 绿色生态城区的评价除应符合本标准外,尚应符合国家、行业和本市现行有关标准的规定。

2 术 语

2.0.1 绿色生态城区 green ecological urban area

以绿色低碳、生态宜居为发展目标,在具有一定用地规模的集中城市化区域内,通过科学统筹规划、低碳有序建设、创新精细管理等诸多手段,最大限度地减少碳源和增加碳汇,实现空间布局合理、公共服务功能完善、生态环境品质提升、资源集约节约利用、运营管理智慧高效、地域文化特色鲜明的人、城市及自然和谐共生的城区。

2.0.2 韧性 resilience

城区受到灾害冲击时,具有抵御灾害、减轻损失并从灾害中快速恢复的能力。

2.0.3 全龄友好 all-age friendly

以各年龄群体的多层次需求为导向,满足不同阶段的物质和精神需求的规划建设、服务管理理念。

2.0.4 生物多样性 biodiversity

生物(动物、植物、微生物)与环境形成的生态复合体以及与此相关的各种生态过程的总和,包括生态系统、物种和基因三个层次。

2.0.5 绿色交通 green transportation

以低污染、低能耗、适合都市环境的公共交通方式为主导,自行车和步行等交通方式为辅助,通过科学的道路系统规划,采用合理的交通技术和有效的交通管理策略,实现通达有序、安全舒适、环境友好的交通体系。

2.0.6 虚拟电厂 virtual power plant

通过先进信息通信技术和软件系统,实现分布式电源、储能系统、可控负荷、电动汽车等分布式能源资源的聚合和协调优化，以作为一个特殊电厂参与电力市场和电网运行的电源协调管理系统。

2.0.7 绿色金融 green finance

为支持应对气候变化、环境改善和资源节约高效利用的经济活动，即对环保、节能、清洁能源、绿色交通、绿色建筑等领域的项目投融资、项目运营、风险管理等所提供的金融服务，主要产品包括绿色贷款、绿色债券、绿色保险、绿色基金、绿色信托、碳金融产品等金融品种。

2.0.8 碳普惠 carbon inclusion

针对机关、企事业单位、社会团体、其他社会组织或个人在绿色出行、能源节约、资源循环利用、可再生能源利用等领域的减碳行为，基于碳普惠方法学进行量化和赋予一定价值，并运用商业激励、政策支持、市场交易等方式，推动建立绿色低碳生产生活方式的正向激励机制。

2.0.9 数字基础设施 digital infrastructure

城市运行和管理的数字基础条件，包括通信接入系统、移动信号覆盖系统、城域感知网络、数据中心、公共服务平台等，是城市、城区数字化能力的集中体现，为城市运行提供数字化服务能力。

2.0.10 电气化率 electrification rate

终端电力能源消费与区域终端全部能源消费的比值。

3 基本规定

3.1 一般规定

3.1.1 绿色生态城区的评价对象应为具有明确规划用地范围的城区,分新建城区和更新城区两类。

    1 新建城区,原则上应与相应单元控制性详细规划的用地范围保持一致,待开发用地面积不宜小于 $0.5~km^2$。

    2 更新城区,宜与区域更新的用地范围保持一致,用地规模不宜小于 $0.3~km^2$。

3.1.2 绿色生态城区的评价应分为规划设计评价和实施运管评价。

    1 规划设计评价应在绿色生态专业规划及近期重点项目实施计划完成,且至少 5% 的地块完成出让或划拨后进行。

    2 实施运管评价应在主要道路、水、电、气、通信等市政设施建成,城区至少 50% 以上地块完成建设,且近期重点项目实施计划中的项目全部完成建设并投入使用后进行。

3.1.3 申请评价方应按照绿色生态城区规划建设要求,对申报城区进行技术和经济分析,合理确定绿色生态定位,选用适宜的绿色生态技术,进行全过程管控。提交材料如下:

    1 规划设计评价应提供绿色生态相关规划、自评估报告等。

    2 实施运管评价应提供绿色生态相关规划、自评估报告、专项实施或分析报告等。

3.1.4 评价机构应按本标准的有关要求,对申请评价方提交的规划、报告等文件进行审查,并进行现场考察,出具评价报告,确定等级。

3.2　评价与等级划分

3.2.1　绿色生态城区评价指标体系应由"1＋5＋1"七类指标构成。"1"为区域总体指标,指标全部为控制项;"5"为韧性安全、健康宜居、低碳高效、经济活力和智慧管控五类指标,且每类指标均包括控制项和评分项;"1"为特色与创新指标,指标全部为评分项。

3.2.2　区域总体指标控制项的评定结果为达标或不达标。

3.2.3　韧性安全、健康宜居、低碳高效、经济活力和智慧管控五类指标控制项的评定结果为达标或不达标;指标评分项的评定结果为分值。

3.2.4　特色与创新指标评分项的评定结果为分值。

3.2.5　绿色生态城区评价的分值设定应符合表3.2.5的规定。

表3.2.5　绿色生态城区各类指标评价分值

评价阶段	区域总体与五类指标控制项基础分值	评价指标评分项满分值					特色与创新评分项满分值
		韧性安全	健康宜居	低碳高效	经济活力	智慧管控	
规划设计	300	100	100	200	70	70	200
实施运管	300	100	100	200	100	100	200

3.2.6　绿色生态城区评价的总得分按下式进行计算:

$$Q = (Q_0 + Q_1 + Q_2 + Q_3 + Q_4 + Q_5 + Q_A)/10 \qquad (3.2.6)$$

式中:Q——总得分;

Q_0——区域总体与五类指标控制项为基础分值,当满足区域总体、控制项的全部要求时取300分;

$Q_1 \sim Q_5$——分别为五类指标(韧性安全、健康宜居、低碳高效、经济活力、智慧管控)评分项得分;

Q_A——特色与创新评分项得分。

3.2.7 绿色生态城区分为基本级、一星级、二星级、三星级四个等级。

3.2.8 绿色生态城区等级应按照下列规定确定：

1 当满足区域总体和五类指标控制项全部要求时,绿色生态城区达到基本级。

2 一星级、二星级、三星级三个等级的绿色生态城区均应满足本标准控制项的全部要求,且韧性安全、健康宜居、低碳高效、经济活力和智慧管控五类指标的评分项得分不应小于其评分项满分值的30%。

3 当总得分分别达到60分、70分、80分时,绿色生态城区等级分别为一星级、二星级、三星级。

4 区域总体

4.0.1 城区应在总体规划、单元规划、详细规划、城市设计及相关专项规划中强调绿色低碳理念,通过相关规划的逐层落实,对规划建设活动进行全过程控制和引导。

4.0.2 城区应开展生态诊断与潜力评估,基于生态本底分析确定合理的绿色生态定位。

4.0.3 城区应因地制宜地编制绿色生态专业规划,建立相应的指标体系,在韧性安全、健康宜居、低碳高效、经济活力、智慧管控、特色与创新等方面践行绿色低碳理念。

4.0.4 城区应编制碳排放分析报告,量化城区碳减排目标,制订分阶段的减排目标和实施方案。

4.0.5 城区应建立保障管控机制,明确建设和运营的管理机构及措施。

4.0.6 城区的规划设计、建设与运营过程应组织公众参与。

4.0.7 城区应加强过程管控,开展评估工作,并具备区域建设管控方面的信息管理功能。

5 韧性安全

5.1 控制项

5.1.1 保护利用规划范围内原有的自然地形、水域、湿地等,并结合现状地形地貌和资源环境特征进行场地设计、规划布局。

5.1.2 城区内人员应急疏散标识应设置合理。

5.1.3 城区环境卫生基础设施完善,污水、生活垃圾均应实现全收集全处理,危险废物全部得到安全处理处置;新建城区应采用分流制排水系统,或位于分流制地区的更新城区应杜绝雨污混接。

5.2 评分项

Ⅰ 空间韧性

5.2.1 科学划定防灾和应急公共空间,提升城区公共空间韧性和应急管理水平,评价总分值为 10 分,按下列规则分别评分并累计:

 1 优先选择社区公园、社区广场、学校等公共服务设施进行应急避难场所的规划建设,社区应急避难场所 500 m 覆盖率达到 80%,得 3 分;达到 100%,得 5 分。

 2 新建城区人均避难场所面积达到 2 m^2/人,或更新城区人均避难场所面积达到 1.5 m^2/人,得 5 分。

5.2.2 合理开发利用城区地下空间,形成功能适宜、布局合理、开发有序的规划布局,评价总分值为 10 分,按下列规则分别评分并累计:

1 将重要公共活动中心、轨道交通换乘枢纽等作为重点,进行地上、地下空间一体化开发利用,得 5 分。

2 相邻地块地下空间有整体开发要求的区域,地下空间整体连片开发,得 5 分。

5.2.3 开展土壤污染调查和评估,对受污染建设用地地块实施有效的风险管控和修复治理,评价总分值为 10 分,按下列规则分别评分并累计:

1 开展土壤污染调查和评估,得 6 分。

2 受污染建设用地地块风险得到管控和有效修复治理,得 4 分。

5.2.4 根据城区风环境特征,合理布局开敞空间和通风廊道,评价总分值为 10 分,按下列规则分别评分并累计:

1 利用河道、绿地、街道等形成连续的开敞空间和通风廊道,得 5 分。

2 采用风环境模拟等技术手段,对通风廊道布局进行优化,形成有利于改善微气候的城市空间形态,得 5 分。

Ⅱ 设施韧性

5.2.5 提高地下管线设计标准和建设质量,加强日常维护和预防性修复,评价总分值为 6 分,按下列规则评分:

1 编制地下管线综合规划或地下管线安全隐患排查和整治方案,得 6 分。

2 城区内地下管线事故数大于 0.05 起/(百公里·年),但不超过 0.1 起/(百公里·年)的,得 3 分;城区内地下管线事故数不超过 0.05 起/(百公里·年)的,得 6 分。

5.2.6 合理建设地下综合管廊,城区内三类及以上城市市政管线采用综合管廊方式敷设,评价总分值为 8 分,按表 5.2.6 的规则评分。

表 5.2.6　综合管廊评分规则

新建城区	更新城区	得分
70%≤覆盖比例<90% 或 长度≥0.5 km	10%≤覆盖比例<50% 或 长度≥0.3 km	6
90%≤覆盖比例 或 长度≥1 km	30%≤覆盖比例 或 长度≥0.5 km	8

5.2.7 合理采用低影响开发模式,设置绿色雨水基础设施,并构建包括源头减排、雨水管渠、排涝除险和应急管理的城镇内涝防治系统,建设海绵城市,评价总分值为 13 分,按下列规则分别评分并累计:

　　1 采用低影响开发模式,按照海绵城市规划合理设置绿色雨水设施,得 4 分。

　　2 新建城区年径流总量控制率达到 80%,或更新城区年径流总量控制率达到 70%,得 3 分。

　　3 内涝防治设计重现期降雨条件下,无居民住宅和工商业建筑物底层进水,且城区内所有道路中至少有一条车道的积水深度不超过 15 cm 或者退水时间不超过 0.5 h,得 3 分。

　　4 下穿立交道路、低洼区域道路设置积水监测装置和预警预报显示屏,得 3 分。

5.2.8 城区内的河湖水体采用林水复合建设理念,提高河湖调蓄空间和森林覆盖,评价总分值为 8 分。实施林水复合岸线比例达到 30%,得 3 分;达到 50%,得 6 分;达到 60%,得 8 分。

Ⅲ　管理韧性

5.2.9 建立地下市政基础设施综合管理信息系统,评价总分值为 10 分,按下列规则分别评分并累计:

　　1 管理信息系统包含地下管线及其附属构筑物、综合管廊信息,得 6 分。

2 管理信息系统包含地下通道、地下公共停车场、人防等市政基础设施信息,得 4 分。

5.2.10 对城区内燃气安全、路面沉降、管网漏损和桥梁结构健康等开展运行监测,及时有效识别、评估、管理、监测、预警、处置城市运行风险,实现城市安全运行全生命周期监测管理,评价总分值为 8 分,按下列规则分别评分并累计:

1 设置燃气安全、路面沉降、管网漏损或桥梁结构健康等风险监测装置,设置一类,得 2 分;设置两类,得 4 分;设置三类及以上,得 6 分。

2 监测数据统一接入市级或区级城市运行"一网统管"平台,城区可获得综合安全运行信息,得 2 分。

5.2.11 建立完善的风险预警与响应体系,定期开展应急预案培训和演练,评价总分值为 7 分,按下列规则评分:

1 制定区域安全风险评估与应急响应相关措施,得 7 分。

2 编制应急预案,开展相关培训、演练、宣传等工作,按下列规则评分并累计:

1) 按规定需要编制应急预案的企业、单位、组织等,编制相应预案,得 3 分。

2) 开展针对社区居民的应急预案培训和演练,覆盖社区数量比例达到 50% 以上,得 2 分。

3) 构建多样的宣传教育模式和平台,得 2 分。

6 健康宜居

6.1 控制项

6.1.1 城区选址和建设应符合上海市城乡规划和各类保护区的控制要求。新建城区选址应毗邻成熟地区,加强与周边地区的联动;或更新城区应将城市功能完善和空间环境品质提升有机结合。

6.1.2 城区规划应注重功能复合、产城融合、空间集约。建设用地至少包含居住用地(R 类)和公共设施用地(C 类)。

6.1.3 城区环境质量优良,地表水、空气、噪声环境质量应符合相应的上海市环境功能区划质量要求,近三年无重大、特别重大突发环境事件。

6.2 评分项

Ⅰ 用地与空间布局

6.2.1 城区定位合理,与周边地区功能协调,职住平衡,评价总分值为 4 分,按表 6.2.1 的规则评分。

表 6.2.1 职住平衡评分规则

职住平衡比 JHB	分值
JHB<0.5 或 JHB>5	0
0.5≤JHB<0.8 或 1.2<JHB≤5	2
0.8≤JHB≤1.2	4

6.2.2 城区规划注重街坊用地的功能混合,评价总分值为 5 分。

新建城区功能混合街坊比例达到 50%,得 3 分;达到 70%,得 5 分;或更新城区功能混合街坊比例达到 30%,得 3 分;达到 50%,得 5 分。

6.2.3 合理规划城区道路,评价总分值为 8 分,按下列规则分别评分并累计:

    1 街区内路网密度达到 8 km/km²,得 2 分;达到 10 km/km²,得 4 分;达到 12 km/km²,得 6 分。

    2 道路面积率达到 15%,得 1 分;达到 20%,得 2 分。

6.2.4 采取公共交通导向的用地布局模式,提高轨道交通站点周边用地的开发强度,评价总分值为 5 分,按下列规则分别评分并累计:

    1 中心城区轨道交通站点 600 m 范围内商业服务业用地和商务办公用地容积率达到 2.5,或中心城区以外地区达到 2.0,得 3 分。

    2 中心城区轨道交通站点 600 m 范围内住宅组团用地容积率达到 2.0,或中心城区以外地区达到 1.6,得 2 分。

6.2.5 塑造城市特色风貌,激发都市活力,评价总分值为 5 分,按下列规则评分:

    1 新建城区编制城市设计,强化城区特色,塑造城市气质,形成整体有序、尺度宜人、标志突出的城市意象,提升建筑和公共空间品质,得 5 分。

    2 更新城区编制规划实施方案,整合利用空间资源,完善市政、公共服务、停车等功能配套,提升人居环境,促进公共设施和活动空间共建共享,得 5 分。

Ⅱ   公共空间

6.2.6 建设功能复合、活力多元、舒适便捷的公共空间体系,实现公园绿地步行可达,水岸空间连续贯通,评价总分值为 8 分,按下列规则分别评分并累计:

1 建设功能复合的蓝绿生态走廊,骨干河道两侧公共空间贯通率达到 90%,得 2 分;达到 100%,得 4 分。

2 公共开放空间(400 m² 以上的绿地、广场等)的 5 min 步行可达覆盖率达到 80%,得 2 分;达到 100%,得 4 分。

6.2.7 城区合理规划绿地系统,评价总分值为 8 分,按下列规则评分:

1 新建城区,按下列规则评分并累计:绿地率达到 35%,得 2 分;达到 38%,得 4 分。人均公园绿地面积达到 8.5 m²/人,得 2 分;达到 11 m²/人,得 4 分。

2 更新城区,新增绿色开放空间(单个面积达到 400 m² 及以上)1 个,得 6 分;2 个及以上,得 8 分。

6.2.8 打造连续成网、空间复合、便捷接驳、特色彰显的慢行网络,评价总分值为 7 分,按下列规则分别评分并累计:

1 步行交通网络全路网密度达到 10 km/km²,且非机动车交通网络全路网密度达到 8 km/km²,得 4 分;若为工业区或物流园区,其步行和非机动车交通网络全路网密度均应大于 4 km/km²,得 4 分。

2 街道安全有序、功能复合、活动舒适、空间宜人,得 3 分。

Ⅲ 全龄友好

6.2.9 构建十五分钟生活圈,健全全龄友好、服务精准、便捷可达的高品质社区级公共服务设施,评价总分值为 12 分,按下列规则分别评分并累计:

1 社区教育、社区医疗、社区养老、社区文化、社区体育设施步行可达覆盖率达到 80% 以上,1 项得 2 分,2 项得 4 分,最高得 10 分。

2 根据地区特点、人群诉求、服务半径等合理增设品质提升类设施,且步行可达覆盖率达到 50% 以上,得 2 分。

6.2.10 关注儿童成长,建设儿童友好型城市,评价总分值为

5分,按下列规则分别评分并累计:

    1 公共场所设置母婴室、儿童厕位及洗手池、儿童休息活动区等服务设施,且配备童趣标识导引系统,得3分。

    2 布局与营造儿童活动空间,注重运动及游戏场地打造,新建居住区的儿童游乐场地面积不小于 $100\ m^2$,得2分;或老旧小区结合公共空间、绿化等进行儿童活动场地友好化改造,增设游戏设施,得2分。

6.2.11 设置人性化、无障碍的过街设施,增强城区各类设施和公共空间的可达性,评价总分值为5分,按下列规则分别评分并累计:

    1 过街天桥和过街隧道至少采用一种形式无障碍设施,得3分。

    2 主次干道及商业中心周边道路的人行横道设置盲道,得2分。

6.2.12 提供多样化住房,打造高品质住区,评价总分值为8分,按下列规则评分:

    1 新增住房提升保障性住房、市场化公共租赁住房面积比例,按表6.2.12-1的规则评分。

表 6.2.12-1　**新增保障性住房、市场化公共租赁住房评分规则**

面积比例	分值
≥10%	2
≥20%	4
≥30%	6
≥40%	8

    2 老旧小区建筑修缮、加装电梯、提升绿化、完善配套设施等宜居性改造,按表6.2.12-2的规则评分。

表 6.2.12-2　**老旧小区宜居性改造评分规则**

面积比例	分值
≥20%	2
≥40%	4

续表 6.2.12-2

面积比例	分值
≥60%	6
≥80%	8

IV 生态环境品质

6.2.13 保护城市生物多样性,根据目标物种的复育需求,逐步恢复和重建栖息地,科学配置绿化植物,城区绿化形式多样,评价总分值为 8 分,按下列规则分别评分并累计:

1 建设具有栖息地功能的生物(包括植物、动物、微生物)友好型集中绿地,得 3 分。

2 采用复层种植结构,合理配置绿化中乔灌草比例,得 2 分。

3 采用屋顶绿化、垂直绿化等立体绿化形式,得 3 分。

6.2.14 城区无排放超标的大气污染源,评价总分值为 6 分,按下列规则分别评分并累计:

1 施工工地扬尘符合现行上海市地方标准《建筑施工颗粒物控制标准》DB31/964 的规定,得 3 分。

2 餐饮油烟、汽车维修污染物的排放分别符合现行上海市地方标准《饮食业油烟排放标准》DB31/844、《汽车维修行业大气污染物排放标准》DB31/1288 的规定,得 3 分。

6.2.15 采取合理措施降低城区噪声,评价总分值为 6 分,按下列规则分别评分并累计:

1 无建筑施工噪声、社会生活噪声、交通运输噪声扰民投诉,得 2 分。

2 高速公路、高架道路、地上轨交两侧 30 m 内存在噪声敏感建筑的区域均设置声屏障,得 2 分。

3 新建噪声敏感建筑具有隔声设计,并符合相关设计标准要求,得 2 分。

7 低碳高效

7.1 控制项

7.1.1 应制定能源综合利用规划,统筹高效利用各种能源。

7.1.2 应对接城市交通系统制定绿色低碳交通专项规划,推动绿色低碳出行。

7.1.3 应制定绿色建筑专项规划,推动绿色建筑高质量规模化发展。

7.1.4 应制定水资源综合利用和固体废弃物资源化利用方案,提升资源循环利用水平。

7.2 评分项

I 区域能源

7.2.1 勘查和评估城区内可再生能源的分布及适用条件,合理规模化利用可再生能源,评价总分值为 14 分,按下列规则评分:

　　1 新建城区可再生能源替代率达到 5%,得 6 分;达到 8%,得 10 分;达到 10%,得 14 分。

　　2 更新城区可再生能源替代率达到 1%,得 6 分;达到 3%,得 10 分;达到 5%,得 14 分。

7.2.2 合理利用余热废热资源或燃气三联供系统,评价总分值为 9 分,按下列规则评分:

　　1 利用周边余热、废热,组成能源梯级利用系统,得 9 分。

　　2 采用以供冷、供热为主的天然气热电冷三联供系统,系统年平均能源综合利用效率达到 75% 及以上,且年利用小时数达到

2 500 h及以上,得9分。

7.2.3 积极推进城区虚拟电厂建设,评价总分值为14分,按下列规则分别评分并累计:

    1 形成以需求响应、储能、V2G等为核心的虚拟电厂电力调节服务方案,得2分。

    2 合理引进虚拟电厂运营商、负荷聚合商、综合能源服务商等创新模式,得2分。

    3 积极推进城区大型公共建筑虚拟电厂建设,建筑自动需求响应比率达到25%,得6分;达到30%,得8分;达到35%,得10分。

7.2.4 市政公共设施采用高效节能的系统和设备,评价总分值为8分,按下列规则评分:

    1 新建城区市政公共设施采用高效节能的系统和设备的比例达到90%,得6分;比例达到100%,得8分。

    2 更新城区市政公共设施采用高效节能的系统和设备的比例达到50%,得6分;比例达到80%,得8分。

Ⅱ 绿色交通

7.2.5 结合城区地形及地物,合理规划设计道路路线、慢行空间,得8分。

7.2.6 公共交通系统便捷、配套服务设施完善、车辆清洁低碳,评价总分值为16分,按下列规则分别评分并累计:

    1 轨道交通站点600 m用地覆盖率达到80%(或公交站点500 m覆盖率达到100%),得4分。

    2 轨道交通站点周边设置公交站、非机动车停车场、出租车候客泊位等接驳换乘设施,各设施间换乘步行距离不大于150 m,得4分。

    3 新能源公交车比例达到100%,得4分。

    4 公共交通系统具有人性化的服务设施,得4分。

7.2.7 合理设置共享自行车停车设施和公共停车场,评价总分值为 16 分,按下列规则分别评分并累计:

1 合理设置共享自行车停车设施,并规范有序管理,得 4 分。

2 合理设置驻车换乘(P+R)停车场,得 4 分。

3 公共停车场采用机械式停车库、地下停车库、立体停车库或深井式停车库等集约停车方式的比例达到 80%,得 4 分。

4 公共停车场及驻车换乘(P+R)停车场配置充电设施的停车位比例达到 20%,其中快充车位不少于总配置充电设施车位的 30%,得 4 分。

Ⅲ 绿色建筑

7.2.8 结合城区新建建筑特点,因地制宜地制定绿色建筑建设目标及技术策略,评价总分值为 16 分,按下列规则分别评分并累计:

1 全面执行一星级及以上的绿色建筑标准要求,得 6 分。

2 健康建筑及其他绿色高性能建筑的面积占总建筑面积的比例达到 10%,得 5 分。

3 合理采用智能建造与建筑工业化协同技术,得 5 分。

7.2.9 城区内既有民用建筑实施绿色低碳改造,提升既有建筑性能,评价总分值为 14 分。实施绿色低碳改造的建筑面积占改造建筑面积的比例达到 10%,得 6 分;达到 20%,得 10 分;达到 30%,得 14 分。

7.2.10 新建建筑执行超低能耗建筑、近零能耗建筑标准要求,评价总分值为 15 分。按照超低能耗建筑、近零能耗建筑标准要求进行建设的建筑面积占新建建筑面积比例达到 3%,得 5 分;达到 5%,得 10 分;达到 10%,得 15 分。

Ⅳ 水资源利用

7.2.11 城区供水管网实行用水分区分级计量和漏损控制技术,评价总分值为13分,按下列规则分别评分并累计:

1 实行分区分级计量,得5分。

2 采用先进的供水管网管理技术。新建城区采用2项,得6分;采用3项及以上,得8分。或更新城区采用1项,得6分;采用2项及以上,得8分。

7.2.12 合理利用非传统水源,评价总分值为12分,按下列规则评分:

1 新建城区非传统水源利用率达到5%,得8分;达到8%,得12分。

2 更新城区市政杂用水采用非传统水源的用水量占其总用水量的比例不低于40%,得8分;不低于60%,得12分。

Ⅴ 固废和材料利用

7.2.13 对固体废弃物进行资源化利用,评价总分值为12分,按下列规则分别评分并累计:

1 生活垃圾回收利用率达到43%,得4分;达到45%,得6分。

2 建筑垃圾资源化利用率达到90%,得4分;达到93%,得6分。

7.2.14 合理使用绿色低碳建材和环保材料,评价总分值为13分,按下列规则分别评分并累计:

1 新建建筑绿色低碳建材应用比例达到30%,得3分;达到50%,得5分。既有建筑装饰装修及更新时绿色低碳建材应用比例达到10%,得3分;达到30%,得5分。

2 市政基础设施工程中采用再生粗骨料、再生砌块(砖)、再生沥青混凝土等建筑垃圾再生产品占同种类产品的比例达到

10%,得 2 分;达到 20%,得 4 分。

3 城区内采用其他绿色低碳环保材料产品,得 4 分。

Ⅵ 碳 排 放

7.2.15 城区碳排放强度低于同类区域的平均水平或创建基期水平,评价总分值为 20 分,按下列规则评分:

1 新建城区,强度下降率达到 20%,得 12 分;达到 30%,得 16 分;达到 40%,得 20 分。

2 更新城区,强度下降率达到 10%,得 12 分;达到 15%,得 16 分;达到 20%,得 20 分。

8 经济活力

8.1 控制项

8.1.1 应编制产业绿色发展专项规划,明确双碳和绿色发展目标。

8.1.2 应制定有利于产业绿色可持续发展的激励政策。

8.1.3 工业废气、废水应达标排放。

8.1.4 社区公共文化设施应免费开放。

8.2 评分项

Ⅰ 产业发展

8.2.1 构建完善城区产业准入制度,规范产业用地投资强度、单位土地产出率、产业能效,评价总分值为 12 分,按下列规则分别评分并累计:

　　1 固定资产投资强度比本市相关行业规定中的控制值提高幅度达到 10%,得 2 分;达到 15%,得 4 分。

　　2 土地产出率达到本市相关行业规定中的控制值和推荐值的平均值,得 2 分;达到推荐值,得 4 分。

　　3 工业单位产品综合能耗达到本市相关行业规定中工业主要行业产品能效准入值,各建筑业态(非工业主要行业)单位建筑年综合能耗达到非工业主要行业能效先进值水平,得 4 分。

8.2.2 城区内产业形成集聚发展优势,产业功能专业化程度高,主导产业具有特色、有较强竞争力,评价总分值为 5 分。区位熵达到 1.2,得 3 分;达到 1.8,得 5 分。

8.2.3 城区推进产业结构调整和产业布局优化,评价总分值为18分,按下列规则分别评分并累计:

1 第三产业增加值占地区生产总值比重达到60%,得2分;达到65%,得3分;达到70%,得4分。

2 高新技术产业增加值占地区生产总值比重达到20%,得2分;达到25%,得3分;达到30%,得4分。

3 战略性新兴产业增加值占地区生产总值比重达到8%,得2分;达到15%,得3分;达到20%,得4分。

4 城区布局本市相关行业规定中的"培育类"和"鼓励类"产业达到1种,得2分;达到2种,得4分;达到3种及以上,得6分。

Ⅱ 绿色经济

8.2.4 城区发展过程中单位地区生产总值能耗与单位地区生产总值水耗低于本市节能节水考核目标,合理布局循环经济产业链,评价总分值为10分,按下列规则分别评分并累计:

1 单位地区生产总值能耗年平均下降率低于本市目标且相对基准年的年均进一步降低率达到0.5%,得2分;达到1%,得3分。

2 单位地区生产总值水耗年平均下降率低于本市目标且相对基准年的年均进一步降低率达到0.5%,得2分;达到1%,得3分。

3 形成具有本地特色的绿色循环经济发展规划,得2分;城区产业间形成相互关联,或产业副产品实现相互利用,得3分;形成完整或较为完整的绿色产业循环经济体系,得4分。

8.2.5 提升城区社会经济发展的绿色化程度,积极发展绿色低碳转型产业,评价总分值为9分。城区布局绿色低碳转型产业达到2类,得3分;达到3类,得6分;达到4类及以上,得9分。

8.2.6 建立绿色投融资机制,加强资本市场化运作,对环保、节能、清洁能源、绿色交通、绿色建筑等领域的项目使用绿色信贷、绿色债券、绿色发展基金、绿色保险、碳金融等绿色金融工具,使用1种工具得1分,评价总分值为6分。

Ⅲ 人文活力

8.2.7 建立科学有效的绿色低碳治理体制,确保城区充满活力、和谐有序,评价总分值为10分,按下列规则分别评分并累计:

1 建立绿色低碳治理工作协调机制,得4分。

2 多元化的主体参与城区治理过程,参与主体包括政府机构、非政府/非营利机构、专业机构和居民,得3分。

3 社会参与组织形式多于4种,得3分。

8.2.8 社区、园区、学校等开展绿色低碳管理、绿色宣传、绿色主题活动等,形成良好的绿色生活氛围,评价总分值为6分,按下列规则分别评分并累计:

1 开展绿色低碳教育宣传,举办绿色低碳科普活动,得3分。

2 组织开展绿色低碳为主题的志愿服务活动,得3分。

8.2.9 企事业单位、社会团体、政府部门等施行绿色出行、绿色采购、绿色办公、绿色消费等,开展绿色信息披露,体现绿色社会责任感,评价总分值为8分,按下列规则分别评分并累计:

1 实施绿色出行,新能源汽车占比40%,得3分。

2 实施绿色采购、绿色办公措施,得2分。

3 开展绿色低碳信息披露,得3分。

8.2.10 开展各类绿色主题类示范工程创建工作,评价总分值为10分,按下列规则分别评分并累计:

1 绿色社区创建覆盖率80%,得2分。

2 绿色学校、绿色医院、绿色商场、绿色工厂等示范创建工程达到2个,得2分;达到3个及以上,得4分。

3 节约型机关、节水型机关(单位)、绿色机关食堂等示范创建工程达到2个,得2分;达到3个及以上,得4分。

8.2.11 开展社情民意调查,提升居民幸福感,评价总分值为6分。民生幸福指数达到90%,得3分;达到95%,得6分。

9 智慧管控

9.1 控制项

9.1.1 应建立城区网络安全保障体系，采取措施确保信息安全。

9.1.2 应设置区域能源监测或碳排放数字化管理系统，具备能耗在线监测和动态分析功能。

9.2 评分项

Ⅰ 数字基础设施

9.2.1 城区具备 5G 网络、绿色数据中心等信息通信服务新基建设施，评价总分值为 8 分。相关先进基础设施和新一代信息技术，采用 1 项，得 2 分；采用 2 项，得 4 分；采用 3 项，得 6 分；采用 4 项及以上，得 8 分。

9.2.2 城区具备新型城域物联专网等功能，为"一网统管"平台治理等应用提供技术支撑，得 6 分。

Ⅱ 应用场景

9.2.3 城区碳排放数字化管理系统具备多种功能，评价总分值为 12 分，按下列规则分别评分并累计：

    1 具备城区碳排放监测和数据获取功能，得 6 分。

    2 具备统计分析、效果评估、趋势研判功能，得 4 分。

    3 具备其他功能，得 2 分。

9.2.4 实行交通与道路监控数字化监管，并具备与城市道路交通管理系统对接的功能，评价总分值为 10 分，按表 9.2.4 所列规则分别评分并累计。

表 9.2.4　交通数字化管理评分规则

评价要求		分值
智能道路监控	与城市道路交通管理系统对接	2
	新建城区智能道路监控比例≥90%； 更新城区智能道路监控比例≥80%	2
智能停车场	与城市道路交通管理系统对接	2
	新建城区智能停车场覆盖率≥80%； 更新城区智能停车场覆盖率≥60%	2
其他功能	具备智能公共交通系统、智能交通信息服务等功能	2

9.2.5 实行市政环卫数字化管理,评价总分值为 6 分,按下列规则分别评分并累计:

 1　具备市容卫生数字化管理功能,得 2 分。

 2　具备园林绿地数字化管理功能,得 2 分。

 3　具备环保数字化管理功能,得 2 分。

9.2.6 实行道路与景观的公共照明数字化管理,具备节能控制功能,得 6 分。

9.2.7 社区采用智慧设施,设置智慧应用场景,为社区居民提供安全、舒适、便捷的智慧化生活环境,评价总分值为 6 分,按下列规则分别评分并累计:

 1　设置智慧社区生活服务站,得 2 分。

 2　设置社区养老数字化服务系统,得 2 分。

 3　设置智慧社区其他应用场景,得 2 分。

9.2.8 运用数字化技术开展城区绿色低碳改造和运营、既有公共建筑调适等节能减碳工作,评价总分值为 8 分,按下列规则分别评分并累计:

 1　运用数字化技术开展城区绿色低碳改造,应用面积占改造建筑面积 20% 以上,得 4 分。

2 运用数字化技术开展既有公共建筑调适,应用面积占城区公共建筑总建筑面积 5% 以上,得 4 分。

9.2.9 运用数字化技术对城区实行指标动态监测、跟踪落实,得 4 分。

Ⅲ 保障管控

9.2.10 城区按照所编制的绿色生态建设导则、建设图则等规划文件落实城区建设、运营,得 12 分。

9.2.11 城区定期实施绿色生态绩效评估、动态调整和监督考核,得 10 分。

9.2.12 设置绿色生态城区建设管控信息管理系统,得 6 分。

9.2.13 为保障城区实现双碳目标,设有专人或专班负责双碳工作,评价总分值为 6 分,按下列规则分别评分并累计:

1 确立双碳工作责任人机制,明确节能降碳各环节的主体责任,得 3 分。

2 建立双碳工作追溯查证机制,得 3 分。

10 特色与创新

10.0.1 为鼓励城区特色发展，韧性安全、健康宜居、低碳高效、经济活力和智慧管控五类指标中，任意一类指标的评分项得分值比例达到80%，得20分，评价总分值为100分。

10.0.2 大型地下空间建设统筹地面雨水径流渗、滞、蓄、排需求，降低对地块海绵城市建设和排水安全的影响，得7分。

10.0.3 保护城区内未被列入保护名单，但具有历史价值的街区、建筑和文化记忆，评价总分值为8分，按下列规则分别评分并累计：

    1 保护和利用未被列入上海市历史文化风貌区和优秀历史建筑名录、但具有历史价值的街区和建筑，得4分。

    2 保护、传承与传播城区有价值的非物质文化遗产，得4分。

10.0.4 建设鸟类友好型建（构）筑物，尽可能减少大面积玻璃的使用，建（构）筑物外表皮采用能够防止鸟类撞击的材料或设计，减少声环境、光环境对鸟类生理机制的影响，得8分。

10.0.5 发展都市农业，采用3种以上都市农业类型，与城市绿色廊道、开放空间等功能进行整合设计，得6分。

10.0.6 积极推进大型公共建筑虚拟电厂建设，建筑自动需求响应比率达到40%，得8分。

10.0.7 开展零碳建筑示范项目创建，项目不小于2项，得6分。

10.0.8 城区电气化率比上位要求或同类城区提升3%，得8分。

10.0.9 合理开展基于储能的微电网工程建设，得10分。

10.0.10 积极参与碳普惠工作，鼓励购买碳普惠减排量实现碳中和，评价总分值为7分，按下列规则分别评分并累计：

  1 城区非控排企业、各类社会团体、公众等参与碳减排行动或建立碳普惠应用场景,得 3 分。

  2 城区碳减排量参与各类碳交易,得 4 分。

10.0.11 鼓励数字产业发展,城区布局数字经济核心产业达到 4 类,得 6 分。

10.0.12 应用 BIM、GIS 等数字孪生技术,构建城区数字化信息模型,得 8 分。

10.0.13 采取节约资源、保护生态环境、保障安全健康的其他创新,并有明显效益或效果,得 9 分。

10.0.14 创建绿色生态相关的各类区域性创新示范项目,得 9 分。

本标准用词说明

1 为便于在执行本标准条文时区别对待,对要求严格程度不同的用词说明如下:

  1)表示很严格,非这样做不可的用词:

    正面词采用"必须";

    反面词采用"严禁"。

  2)表示严格,在正常情况下均应这样做的用词:

    正面词采用"应";

    反面词采用"不应"或"不得"。

  3)表示允许稍有选择,在条件许可时首先应该这样做的用词:

    正面词采用"宜";

    反面词采用"不宜"。

  4)表示有选择,在一定条件下可以这样做的用词,采用"可"。

2 条文中指明应按其他有关标准、规范执行的写法为"应符合……的规定"或"应按……执行"。

引用标准名录

1 《饮食业油烟排放标准》DB31/844

2 《建筑施工颗粒物控制标准》DB31/964

3 《汽车维修行业大气污染物排放标准》DB31/1288

标准上一版编制单位及人员信息

DG/TJ 08—2253—2018

主 编 单 位:中国建筑科学研究院上海分院
　　　　　　上海市建筑科学研究院
参 编 单 位:上海市绿色建筑协会
　　　　　　上海市城市规划设计研究院
　　　　　　上海市政工程设计研究总院(集团)有限公司
　　　　　　上海市环境科学研究院
　　　　　　同济大学
　　　　　　上海财经大学
　　　　　　上海东方延华节能技术服务股份有限公司
参 加 单 位:上海桃浦智创城开发建设有限公司
　　　　　　上海前滩国际商务区投资(集团)有限公司
主要起草人:马素贞　韩继红　张　崟　李芳艳　孙妍妍
　　　　　　高　岳　庄　晴　湛江平　杨建荣　高月霞
　　　　　　黄宇驰　陈　嫣　王　婧　房佳琳　于　兵
　　　　　　苏　醒　许嘉炯　张改景　王　敏　张　俊
　　　　　　洪　辉　吴俊伟　王　勋　纪文琦　郑晓光
　　　　　　李志玲

上海市工程建设规范

绿色生态城区评价标准

DG/TJ 08—2253—2024
J 14150—2024

条 文 说 明

2024　上海

目　次

Contents

1 总 则

1.0.1 近十几年来,我国高速城镇化建设给经济发展带来了翻天覆地的变化,同时也带来了资源紧缺、环境恶化等一系列问题。为应对城镇化建设中因重经济发展、轻环境保护造成的资源透支、生态退化等种种问题,改变传统发展模式是城镇化实现可持续发展的必然选择。2020 年 9 月习近平总书记向国际社会表态,中国二氧化碳排放力争于 2030 年前达峰值,努力争取 2060 年前实现碳中和。在城市建设领域,绿色生态城区发挥规模集聚效应及系统建设成效而成为城市绿色低碳发展的重要实施路径,也是我国城市低碳绿色发展的主要措施。

《上海市城市总体规划(2017—2035 年)》中明确提出"2035 年基本建成卓越的全球城市,令人向往的创新之城、人文之城、生态之城","坚持节约资源和保护环境基本国策,持续改善空间资源环境和基础设施……构筑城市安全屏障,不断提升城市的适应能力和韧性,成为引领国际超大城市绿色、低碳、可持续发展的标杆"。住房和城乡建设部印发的《"十四五"建筑节能与绿色建筑发展规划》中明确提出"推动绿色城市建设"的要求。作为城市建设领域践行绿色发展理念的载体,推进绿色生态城区建设既是满足人民群众对高品质生活需求的重要途径,也是推动绿色低碳发展的重要举措,更是节约资源与保护环境的重要保障。

本标准制定的目的是指导上海市绿色生态城区的规划建设,本次修订为促进"全面绿色+碳排放双控"城区发展、衔接政府部门的政策以及管理要求、推进绿色生态城区 2.0 标准体系升级以及支撑上海市绿色生态城区评价工作。

1.0.2 随着上海不断完善城市化战略,重点推进嘉定、青浦、松江、奉贤、南汇五个新城及中心城区、金色中环等地区建设,新建城区建设及老城更新产生巨大的需求。2015 年 5 月 15 日,上海市人民政府发布《上海市城市更新实施办法》,提出"进一步节约集约利用存量土地,实现提升城市功能、激发都市活力、改善人居环境、增强城市魅力的目的"。上海已经进入存量开发为主的阶段,而城市更新更需要融入绿色生态理念,因此本标准的适用对象界定为上海市城市总体规划确定的规划范围内的城市建设用地,主要为新建城区和更新城区。

1.0.3 上海市域面积较广,各区在经济、资源、环境及文化等方面都存在差异,而绿色生态城区规划范围大、内容广、情况复杂,因此应因地制宜地制定科学合理、技术适用、经济实用的绿色生态规划方案,以有效推进绿色生态城区的建设。

本标准紧紧围绕绿色发展的基本理念制定措施,紧跟国家和上海绿色生态发展政策,因地制宜、特色鲜明是绿色生态城区的特点,所涉及的条文内容综合考虑了不同城区的功能类型、地域文化、资源禀赋、社会经济等条件。本标准涵盖绿色生态城区规划建设、运营管理的各个方面,本次修订以"人本需求"为导向,对城区的韧性安全、健康宜居、低碳高效、经济活力、智慧管控方面的目标性能进行综合评价。本项工作可为智慧城市、完整社区、城市更新等工作参考。

1.0.4 符合国家法律法规和相关标准是参与绿色生态城区评价的前提条件。本标准重点在于评价城区的绿色、生态特征,并未涵盖城区所应有的全部特性,如公共安全、市容卫生等,故参与评价的城区尚应符合国家、行业和上海市现行有关标准的规定。

3 基本规定

3.1 一般规定

3.1.1 城区应具有明确的边界,功能相对完善,能够促进绿色生态规模化发展。绿色生态城区的边界宜与城市规划体系中相应单元控制性详细规划编制范围或区域更新的用地范围进行衔接。

本次修订进一步明确了新建城区和更新城区要求。2021 年 8 月《住房和城乡建设部关于在实施城市更新行动中防止大拆大建问题的通知》(建科〔2021〕63 号)提出严格控制大规模拆除,因此原则上城市更新单元(片区)或项目内拆除建筑面积不应大于现状总建筑面积的 20%。除增建必要的公共服务设施和盘活存量低效用地外,不大规模新增老城区建设规模,不突破原有密度强度,不增加资源环境承载压力。因此,针对更新城区,加强城市微更新,提升城市品质,完善基础设施和公共设施建设。

3.1.2 绿色生态城区的规划建设周期较长,为了调动其建设的积极性,以及加强对其规划建设的全过程控制,本标准将绿色生态城区评价分为规划设计评价和实施运管评价。

规划设计评价关注的是绿色生态规划内容及其预期效果,要求完成控制性详细规划和绿色生态专业规划,绿色生态专业规划包括绿色生态指标体系、绿色生态规划方案和水资源、能源、绿色建筑等专项方案;对正在编制或修编控制性详细规划的城区,应将土地集约复合利用、绿色交通、绿色建筑等绿色生态策略融入控制性详细规划;对于无控制性详细规划修编计划的城区,应进行绿色生态内容专项研究,编制绿色生态专业规划。另外,设定"至少 5%的地块完成出让或划拨"的条件,其目的是确保前述的相关规划正在逐步实施,而非一纸规划文件和一片空地就进行申报。

实施运管评价重点关注绿色生态策略的落实情况和实施效果,要求落实城区规划布局,主要的市政设施已建成并投入使用,且 50% 以上地块完成建设及近期重点项目实施计划中的项目全部完成建设并投入使用。主要目的是确保城区的市政设施和建筑项目已经实施,绿色生态措施都已经落地,且已有一定量的项目投入运营,能够有部分实际运营数据支撑实施运管评价。

3.1.3 申请评价方应依据《关于推进本市绿色生态城区建设指导意见的通知》和《上海市绿色生态城区试点和示范项目申报指南(2019 年)》等相关管理制度文件开展绿色生态城区规划建设以及试点示范申报工作。本条对申请评价方的相关工作提出要求。绿色生态城区注重对城区规划、建设和运营的全过程管控,申请评价方应对城区规划建设的各个阶段进行控制,综合考虑性能、安全、经济等因素,基于生态本底分析、项目定位确定合理的绿色生态定位,并科学编制绿色生态相关规划,引导城区采用适宜的绿色生态技术、设备和材料,综合评估城区规模、绿色生态技术与投资之间的总体平衡。申请评价时,应按本标准评价阶段要求提交相应规划、自评估报告和实施报告。

3.1.4 绿色生态城区评价依据有关管理制度文件确定。本条对绿色生态城区评价机构的相关工作提出要求。绿色生态城区评价机构对规划设计和实施运管评价均应按照本标准的有关要求审查申请评价方提交的规划文件、分析报告和其他相关文件,并组织现场考察。规划设计评价现场考察城区的开工建设情况,实施运管评价现场考察城区的建设情况,核查绿色生态专业规划的落实情况、实施效果。评价机构应编写评价报告,确定评价等级。

3.2 评价与等级划分

3.2.1 本标准参考国内外相关标准及实践经验,总结上海地方特点,设置了区域总体指标及韧性安全、健康宜居、低碳高效、经济活力、智慧管控五类性能指标。区域总体从顶层设计层面对城区绿色生态建设进行底线规定。韧性安全聚焦城区空间、设施、管理上的韧性,使城区发展更安全弹性;健康宜居明确城区的本底条件、基本规划布局、全龄友好设施和良好的生态环境品质;低碳高效重点对资源能源、绿色交通、绿色建筑的内涵进行响应;经济活力重点体现城区绿色经济可持续发展、城市活力与人文两个方面;智慧管控从数字化、信息化、制度性方面对生态城区进行管控,包括数字基础设施、应用场景、保障管控。此外,为了鼓励城区的特色性、创新性发展,将突出特色与创新的要求和措施与绿色生态城区五类性能指标的基本要求区分开,集中在一起单独形成特色与创新指标。

3.2.2 区域总体是从绿色生态城区的总体层面进行把控而设置的强制性条文,编制中采取"严、精、少"的原则,评定结果为达标或不达标。

3.2.3 五类性能指标的控制项是从五个性能维度对绿色生态城区进行基础要求的强制性条文,评定结果为达标或不达标;评分项的评价,依据评价条文的规定确定得分或不得分,得分时根据需要对具体评分子项确定得分值,或根据具体达标程度确定得分值。

3.2.4 特色与创新指标评分项的评价,依据评价条文的规定确定得分或不得分。

3.2.5 本次修订的绿色生态城区评价分值与 2018 版标准相比变化较大。区域总体与五类指标控制项基础分值的获得条件是满足本标准所有强制性条文的要求。对于新建城区和更新城区,五类指标同样重要,因此未按照不同城区类型划分各评价指标评分项的总分值。本次修订,将绿色生态城区的评价指标体系评分值进行了调整。韧性安全、健康宜居在规划设计和实施运管阶段发挥同样的作用,因此两阶段分值满分均为 100 分;低碳高效指标包括能源、交通、建筑、水资源及固废和材料利用,权重较大,因此两阶段满分均为 200 分;经济活力与智慧管控两类指标对城区实施运管阶段产生的影响更大,规划设计阶段满分设定为 70 分,实施运管阶段分数为 100 分。特色与创新评分项分值提升至 200 分,鼓励绿色生态城区特色性、创新性的技术提升,促进新城特色发展。

本条规定的评价指标评分项满分值、特色与创新评分项满分值均为最高可能的分值。

3.2.6 本条对绿色生态城区评价中的总得分计算方法作出了规定。参评绿色生态城区总得分由区域总体与五类指标控制项基础分值、评分项得分、特色与创新评分项得分三部分组成,规划设计阶段总得分满分为 104 分、实施运管阶段总得分满分为 110 分。区域总体与五类指标控制项基础分值的获得条件是满足本标准所有控制项的要求,特色与创新评分项得分应按本标准第 10 章的相关要求确定。

3.2.7 2018 版标准规定绿色生态城区的等级为一星级、二星级、三星级三个等级,本次修订在上一版标准基础上,增加了"基本级"。

目前本市在第一轮、第二轮绿色生态城区创建时,将二星级及以上作为绿色生态城区规划建设的目标要求,其中已创建的三星级绿色生态城区比例较高,目前上海正在加快全面推进建设绿色城市,五个新城在"十四五"期间新建城区全面按照绿色生态城区目标要求建设,考虑生态城区的增量与星级设定相关,其建设成效与经济效益都需作为考量因素,《绿色生态城区评价标准》作为划分绿色生态城区目标定位的评价工具,既要体现其先进性,又要兼顾其推广普及绿色生态城区的作用。因此,在本次修订中新增了"基本级",扩大绿色生态城区的覆盖面。绿色生态城区项目应结合所在区域的实际情况,因地制宜地选择绿色生态技术及对应的条文,并根据规划情况确定适合的评价等级。

3.2.8 区域总体与五类指标控制项是绿色生态城区评价的必备

条件,当绿色生态城区项目满足本标准区域总体和全部控制项要求时,绿色生态城区的等级即达到基本级。

同时,一星级、二星级、三星级应达到每类评价指标的最低得分要求,以实现绿色生态城区的各类目标性能均衡。按本标准第 3.2.4 条的规定计算得到绿色生态城区总得分,当总得分分别达到 60 分、70 分、80 分时,绿色生态城区等级分别为一星级、二星级、三星级。

4 区域总体

4.0.1 本条适用于规划设计、实施运管评价。

城区上位规划对于指导城区建设具有重要指示作用。因此，在相对应的国土空间规划体系的总体规划、单元规划、详细规划、城市设计或专项规划中都应包含绿色低碳理念和目标内容，通过法定规划和技术文件指导控制，有效地约束和引导落实绿色、生态、低碳理念。专项规划包括综合交通规划、环境保护规划、给水工程规划或供水专业规划、能源监测管理系统实施方案、产业发展等。对正在编制或修编控制性详细规划的城区，应将土地集约利用、绿色交通等绿色生态策略与目标融入控制性详细规划。另外，应注意国土空间规划体系各规划之间在绿色生态指标方面的一致性。

【本条评价方法】

规划设计评价：查阅城区总体规划、详细规划、城市设计及相关专项规划资料中绿色低碳理念及目标相关内容。

实施运管评价：查阅城区总体规划、详细规划、城市设计及相关专项规划资料中绿色低碳理念及目标相关内容。

4.0.2 本条适用于规划设计、实施运管评价。

不同城区所在位置、资源条件等各不相同，因此，结合区域本底条件，针对项目的气候条件、资源禀赋、环境条件、基础设施等开展前期生态诊断与潜力评估，是科学合理地制定绿色生态建设目标的重要手段和依据。本条可参考现行国家标准《城市和社区可持续发展潜力评估方法》GB/T 40757 的一些做法，对城区开展潜力评估分析。

【本条评价方法】

规划设计评价:查阅城区绿色生态专业规划中生态诊断与潜力评估内容,或生态诊断与潜力评估专项报告。

实施运管评价:查阅城区绿色生态专业规划中生态诊断与潜力评估内容,或生态诊断与潜力评估专项报告。

4.0.3 本条适用于规划设计、实施运管评价。

为避免千城一面、缺乏个性,城区应充分结合自身功能定位,遵循"规划引领、统筹协调"的原则,依据上位规划和绿色生态城区相关标准,在规划阶段,根据区域生态诊断与潜力评估,突出项目特点,制定绿色生态建设指标体系。围绕土地利用、绿色建筑、绿色交通、能源利用、水资源、固废资源、智慧人文等方面编制各具特色的绿色生态专业规划。绿色生态专业规划由区主管部门报区政府审批。

针对更新城区,应明确建设目标,编制绿色生态更新技术方案。城市更新是上海市城市建设中面临的重点内容与挑战,因此,结合当前国家及上海市在双碳与城市更新方面的相关政策与文件要求,在编制专业规划的同时,系统考虑城市更新中的绿色低碳技术,形成系统的绿色生态更新技术方案,对于指导城市更新建设具有重要的意义和价值。

【本条评价方法】

规划设计评价:查阅城区绿色生态专业规划,新建城区包含项目特色策划,更新城区除此以外还应包含绿色生态更新技术方案。

实施运管评价:查阅城区绿色生态专业规划,新建城区包含项目特色策划,更新城区除此以外还应包含绿色生态更新技术方案。

4.0.4 本条适用于规划设计、实施运管评价。

2020 年 9 月,习近平主席在第七十五届联合国大会一般性辩论上郑重承诺,中国二氧化碳排放力争于 2030 年前达峰,努力争取 2060 年前实现碳中和。国务院于 2021 年 10 月发布了重要文件《2030 年前碳达峰行动方案》,文件提出重点任务如能源绿色低碳转型行动、节能降碳增效行动、城乡建设碳达峰行动、交通运输绿色低碳行动等。2022 年 7 月,上海市人民政府印发《上海市碳达峰实施方案》(沪府发〔2022〕7 号),明确 2030 年前实现碳达峰。城区大多具有综合性的社会功能,普遍涉及建筑、交通、公共机构等减排重点领域。2022 年 10 月,党的二十大报告中提出积极稳妥推进碳达峰碳中和目标,并对实现"双碳"作出了最新战略部署。

本条针对当前"双碳"政策,提出绿色生态城区应明确碳排放强度控制目标,编制详尽的碳排放分析报告,制定分阶段的减排目标和实施方案。考虑到各领域的能耗或碳排放数据的可计量和可获得性,碳排放核算边界主要包括建筑、交通、废弃物处理、水资源和景观碳汇等方面。建筑碳排放包括区域内各类建筑、产业设施、能源中心(如有)等能源活动产生的碳排放。交通碳排放只计算城区范围内的交通出行活动产生的碳排放。废弃物处理碳排放以城区产生的废弃物量为基数,以实际处理方式进行计算。水资源碳排放包括城区内供水、排水、非传统水源处理等产生的碳排放。景观碳汇为区域内植物碳汇的减碳量。此外,城区内可再生能源升压上网发电的抵消碳排放量也可以纳入碳排放核算范围。只有进行详尽合理的碳排放分析,在切实把握自身碳排放数据的基础上,才能根据国家总体的减排目标,制定城区切实可行的减排目标和减排策略,成为全社会碳减排的示范区域。在运营阶段的碳排放核查报告中,应包含城区运营的相关碳排放数据核算内容。

【本条评价方法】

规划设计评价:查阅城区碳排放分析报告,包含城区碳减排目标、碳减排实施措施等。

实施运管评价:查阅城区碳排放核查报告,应根据运营数据核算碳减排目标达标情况,并现场核实。

4.0.5 本条适用于规划设计、实施运管评价。

根据目前上海市绿色生态城区实施情况的相关调研,以及实施过程中遇到的一些问题,提出绿色生态城区应建立保障管控机制,明确建设和运营的管理机构及措施。机制方面应包含城区工作推进框架与目标责任落实计划,形成横向到边,纵向到底的工作体系,确保城区在规划设计和实施运管各阶段均有完善的实施策略和保障机制。

【本条评价方法】

规划设计评价:查阅城区保障管控机制,包含城区管理制度与流程、管理办法及其他相关管理文件等。

实施运管评价:查阅城区保障管控机制,包含城区管理制度与流程、管理办法及其他相关管理文件等,并现场核实。

4.0.6 本条适用于规划设计、实施运管评价。

公众参与是实现以人为本的绿色生态城区规划设计、建设和运营的重要途径,使得城区能更好地反映市民的需求,优化城区的规划和运营情况,增加市民对城区的归属感。

【本条评价方法】

规划设计评价:查阅公众参与的相关记录、意见回复以及规划设计文件的修改。规划设计阶段公众参与须至少开展 2 轮,时间不少于 3 个月。

实施运管评价:查阅城区建设以及运行过程中的公众参与相关记录、意见回复以及采取的优化措施;建设过程的公众参与须至少开展 2 轮,时间不少于 3 个月;运行过程中的公众参与须至少开展 2 轮,时间不少于 3 个月。

4.0.7 本条适用于规划设计、实施运管评价。

为推进试点、示范绿色生态城区项目的落地实施,对于规划设计阶段的城区,应编制规划建设的实施计划或方案,明确城区绿色生态指标与重点任务措施的管理要求,保障试点创建之后的城区绿色生态指标落地实施;已完成试点创建的城区应根据《关于推进本市绿色生态城区建设的指导意见》(沪住建规范联〔2023〕13号)开展评估工作,根据绿色生态指标与重点任务措施,制定不限于韧性安全、健康宜居、低碳高效、经济活力、智慧管控等方面的年度评估报告,保障城区绿色生态工作持续推进。

另外,2020年2月,上海市发布《关于进一步加快智慧城市建设的若干意见》,提出加强对城市生态环境保护数据的实时获取、分析和研判,提升生态资源数字化管控能力。上海市新一轮的绿色生态城区也应结合相关要求,提升城区的数字化管理能力与水平。因此,绿色生态城区应具备建设管控数据统计、分析等信息管理功能,有条件的城区可以建立城区数据统计、分析系统,甚至进一步完善建立区域数字化管理平台,或与区城市运营管理系统对接。

【本条评价方法】

规划设计评价:查阅城区评估工作的实施计划或方案等文件,包含对城区绿色生态指标与重点任务措施的管理要求。另外,查看具有城区数据统计、分析条件的相关数字化管理资料,如数据统计管理小程序、工具等。

实施运管评价:查阅城区历年的年度评估报告,包含对城区绿色生态指标与重点任务措施的工作进展情况总结。另外,查看具有城区数据统计、分析条件的相关数字化管理资料,如数据统计管理小程序、工具等,并现场核实。

5 韧性安全

5.1 控制项

5.1.1 本条适用于规划设计、实施运管评价。

在城区选址和建设符合上海市城乡规划和各类保护区的控制要求基础上,应对城区的资源矿产、地形地貌、地质土壤(包括地下水)、植被动物、水文水系、文化遗产等资源与生态系统特征开展调查。在规划设计、建设开发过程中,要充分考虑原有地形地貌和资源环境特征,减少土石方工程量,减少开发建设过程对场地及周边自然生态环境的改变,包括原有水体和植被,尤其是大型乔木。在建设过程中确需改造场地内的地形地貌、水体和植被等时,应在工程结束后及时采取生态复原措施,减少对原场地环境的改变和破坏。除此之外,根据场地实际状况,采取相关生态修复或补偿措施,如对土壤进行生态处理,对污染水体进行净化和循环,对植被进行生态设计以恢复场地原有动植物生存环境等,也可作为评价依据。

【本条评价方法】

规划设计评价:查阅生态保护和补偿计划(含场地资源与生态系统调查)、生态保护利用规划等文件。

实施运管评价:查阅相关竣工图、生态保护和补偿总结报告,并现场核实。

5.1.2 本条适用于规划设计、实施运管评价。

应急疏散标识是为人员疏散和发生火灾、地震等灾害时仍需正常工作的场所提供人员逃生疏散和救援工作指示的电子装置或指示牌。城区内包括建筑内和室外都应该根据人员聚集、应急逃生通道和应急避免场所的设置情况,规范合理设置应急疏散标识,保障火灾、地震等灾害发生时人员能在停电等情况下,迅速离开危险场所,避免耽搁逃生时间、危及人身财产安全。国家标准《民用建筑通用规范》GB 55031—2022 规定民用建筑应设置相应的安全及导向标识系统;国家标准《消防安全标志 第 1 部分:标志》GB 13495.1—2015 中对紧急疏散逃生标志有明确规定;国家标准《消防应急照明和疏散指示系统技术标准》GB 51309—2018 对疏散标志的设置要求,包括位置、技术参数等也进行了明确规定。

【本条评价方法】

规划设计评价:查阅相关规划中应急疏散标识设置说明。

实施运管评价:查阅相关竣工图,并现场核查标识设置情况。

5.1.3 本条适用于规划设计、实施运管评价。

生活垃圾分类应遵守《上海市生活垃圾管理条例》,城区生活垃圾分类收集设施按《上海市生活垃圾分类目录及相关要求》进行配置。本条要求城区应制定垃圾无害化处理 100% 的目标,并配套相应的实施方案和保障措施。按照垃圾的处理场所,无害化处理可以是就地处理,也可以收集送往区域外处理。

雨污分流是一种排水体制,指将雨水和污水分开,各用单独一条管道输送,进行排放或后续处理的排水方式。雨污分流便于雨水收集利用和集中管理排放,降低雨水对污水处理厂的影响,避免污水对河道、地下水造成污染,有助于改善城市水环境,还能降低污水处理成本。

对于新建城区,本条要求必须实行雨污分流,同时排水户污水须全部纳管,且水质无超标。根据《城镇排水与污水处理条例》,排水户是指向城镇排水设施排放污水的,从事工业、建筑、餐饮、医疗等活动的企业事业单位、个体工商户。本条要求不漏接污水、不乱排污水,排水与污水处理设施覆盖范围内的排水单位和个人,应当按照国家和本市有关规定向排水与污水处理设施排水,且纳管水质符合国家和本市污水排放的相关标准(有相关行业排放标准的,优先执行行业排放标准;没有行业排放标准的,应符合现行上海市地方标准《污水综合排放标准》DB31/199 的相关规定)。

对于更新城区,若位于《上海市排水(雨水)防涝专项规划》划定的分流制地区,存在雨污混接时,应全面实行雨、污混接改造。

【本条评价方法】

规划设计评价:查阅城区环境基础设施建设相关规划、设计方案及相关图纸。

实施运管评价:查阅城区环境基础设施情况运行评估报告,并现场核实。

5.2 评分项

Ⅰ 空间韧性

5.2.1 本条适用于规划设计、实施运管评价。

城市公共空间韧性表现为在应急状态下,城市具备随时新建或改扩建公共设施的能力,包括土地储备、城市规划、建造能力等方面的系统准备;通过征用、共享使用等应急手段,充分调动各类具有公共服务效能的存量公共空间,尽可能减少因疫情产生的直接与间接损失,支撑城市处于相对低耗、安全的应急状态,并储备恢复正常运转所需的弹性。提高城区公共设施的空间通用性和稳健性,城区各类公共设施,如车站、体育馆、图书馆、音乐厅、博物馆以及学校、医院等教育医疗设施,能够实现常规和应急两种状态的并置且相互转化,在常规情况下承担明确的公共服务职能,在救灾应急状态下具有应急使用的弹性,可以转化为城市应急资源的重要组成部分。

第 1 款,要求科学划定防灾空间,居住区级防灾空间主要为社区公园、城市绿地、城市广场等,其可作为灾民临时集合点。根据国家标准《防灾避难场所设计规范》GB 51143—2015 的规定,此类避难场所为紧急、临时或短期避难场所,最长开放时间为15天,由街道、社区负责建设;其他超过15天避难需求的中期和长期避难场所的设置由上一级政府统一规划确定。社区应急避难场所500 m覆盖率可按下式计算:

$$
\begin{array}{l}
\text{社区应急} \\
\text{避难场所} \\
\text{500 m 覆盖率}
\end{array}
= \frac{\begin{array}{c}\text{社区应急避难场所500 m 服务半径}\\\text{覆盖居住用地面积}(m^2)\end{array}}{\text{城区居住用地总面积}(m^2)} \times 100\%
$$

第2款,城区人均避难场所面积可按下式计算:

$$
\text{人均避难场所面积} = \frac{\text{城区紧急避难场所面积}(m^2)}{\text{城区常住人口}(人) \times 70\%}
$$

【本条评价方法】

规划设计评价:查阅相关规划文件及图纸、计算书。

实施运管评价:在规划设计评价方法之外,还应现场核实。

5.2.2 本条适用于规划设计、实施运管评价。

由于地下空间的利用受诸多因素制约,因此未利用地下空间的项目应提供相关说明,经论证场地区位和地质条件、建筑结构类型、建筑功能或性质等条件不适宜开发地下空间的,本条直接得分。

随着我国城市人口的聚集,土地资源越来越紧张,向地下发展就成了大势所趋。上海作为我国最大的经济中心,肩负着建成"五个中心"的历史使命,但是,上海城市用地的严重不足,在很大程度上制约着上海的进一步发展,因而,向地下要空间,有效地开发、利用地下空间,以缓解上海城市发展中的多种矛盾,使地上、地下协调发展,科学实施城市地下空间开发利用综合管理,具有特别重要的意义。

地上、地下空间一体化开发利用应注重地上、地下空间的功能统筹,将地上建筑与地下停车场库、人防工程、公共服务设施、商业服务设施等功能空间紧密结合、统一规划,突出地下空间对城市功能体系的补充,打造横向相互连通、竖向分层安排的"立体城市"。密切衔接轨道交通换乘枢纽,统筹分层复合利用、重点建设项目、规划预留接入等地上地下空间功能布局活动。此外,地下空间开发还应科学预测城市发展的需要,坚持因地制宜、远近兼顾,全面规划,分步实施,并与所在地的经济技术发展水平相适应。

考虑到新建城区多为集中连片开发区域,鼓励相邻地块地下空间有整体开发要求的,统筹整体连片开发。地下空间整体连片开发前应开展相关研究,明确地下空间开发功能、规模、布局及互连互通、地下与地面建设协调方式等内容,打造地下互连互通交通系统。本条中提出的整体连片开发至少应覆盖 3 个地块,且地下空间整体开发、同时设计才可得分。针对更新城区,若不具备地下空间整体开发条件,在更新过程中,通过设置联通通道实现地下空间的联通和共享,也可得分。

【本条评价方法】

规划设计评价:查阅相关规划文件、分析报告。

实施运管评价:查阅相关竣工图、分析报告,并现场核实。

5.2.3 本条适用于规划设计、实施运管评价。

第 1 款,根据《中华人民共和国土壤污染防治法》,对土壤污染状况普查、详查和监测、现场检查表明有土壤污染风险的建设用地地块,已收储土地依法由地方人民政府土地储备部门组织土壤污染状况调查;其他地块由地方人民政府生态环境主管部门要求土地使用权人按照规定进行土壤污染状况调查。用途变更为住宅、公共管理与公共服务用地的,变更前应当按照规定进行土壤污染状况调查。城区应按照《中华人民共和国土壤污染防治法》《上海市建设用地土壤污染状况调查、风险评估、风险管控和修复、效果评估工作的若干规定》等相关法规要求,组织开展用途变更为住宅、公共管理与公共服务用地以及商服用地地块的土壤污染状况调查评估和治理修复管理。

第2款,主要针对城区内有地块被列入本市"建设用地土壤污染风险管控和修复名录"的情形。根据《中华人民共和国土壤污染防治法》,对建设用地土壤污染风险管控和修复名录中需要实施修复的地块,土壤污染责任人应当编制修复方案,报市生态环境局备案并实施。修复方案应当包括地下水污染防治的内容。未达到土壤污染风险评估报告确定的风险管控、修复目标的建设用地地块,禁止开工建设任何与风险管控、修复无关的项目。针对区域内污染场地,可采用科学、安全、有效的方法开展污染场地修复,全面控制污染场地的环境风险,确保区域土壤环境安全,并要求场地土壤及地下水污染物治理效果优于相关标准的规定。

【本条评价方法】

规划设计评价:查阅地块土壤污染调查报告、污染地块修复方案等报告。

实施运管评价:查阅污染地块修复工程效果评估报告等相关文件,并现场核实。

5.2.4 本条适用于规划设计、实施运管评价。

《城市通风廊道规划技术指南》中对"城市通风廊道"的定义为:以提升城市的空气流动性、缓解热岛效应和改善人体舒适度为目的,为城区引入新鲜冷湿空气而构建的通道。通俗点说,"通风廊道"就如同"城市风道",类似一条狭长的通风管道,可使城市风"穿堂而过"。

第1款,在通风廊道的具体实施时,可以分为城市与城区两个层面。在城市层面,主要侧重于宏观尺度的风道规划设计,通过在主导风向上设置宽几公里以上的绿色走廊,为主导风提供通风廊道。在城区层面,通过因地制宜地在主导风向上设置通风走廊以满足城区通风要求,同时需要注重宏观尺度与中观尺度相结合的风道规划设计。

第2款,鼓励采用风环境模拟等技术手段优化城区通风布局。基于城区下垫面资料和气象资料，采用计算流体动力学(CFD)等软件开展城区风环境模拟，客观分析城区建设开发前后的局地风场特征，对城区风环境进行总体评价。以此为基础，针对性提出通风管控措施，如：合理控制开发强度，增加绿地及开敞空间，以城区的内河、绿廊为骨架，向城市主通风廊道延伸，形成内通外畅的格局；实施顺应局地气候的城市空间管控，合理设置、调整通风廊道，避免或减少大气污染物滞留，提高城市空气自净能力，缓解城市热岛效应、城市雾霾等不利影响；城区建筑应顺应局地风场条件，合理预控建筑物朝向及间隙，组团中心等密集区域应尽可能减少裙楼、排楼等不利于通风的城市空间。

【本条评价方法】

规划设计评价：查阅相关规划文件及图纸、风环境模拟分析报告等。

实施运管评价：在规划设计评价方法之外，还应现场核实。

Ⅱ 设施韧性

5.2.5 本条第1款适用于规划设计评价，第2款适用于实施运管评价。

城市地下管线是指城市范围内供水、排水、燃气、热力、电力、通信、广播电视、工业等管线及其附属设施，是保障城市运行的重要基础设施和"生命线"。近年来，随着城市快速发展，地下管线建设质量参差不齐、管理水平不高等问题凸显，一些城市相继发生大雨内涝、因管线泄漏引发的爆炸或路面塌陷等事件，严重影响了人民群众生命财产安全和城市运行秩序。

第1款，针对新建区域，应坚持先地下、后地上，先规划、后建设，科学编制城市地下管线等规划，合理安排建设时序，提高城市基础设施建设的整体性、系统性，加强与地下空间、道路交通、人防建设、地铁建设等规划的衔接和协调。针对更新区域，开展地下管线安全排查和整治是确保城市安全运行有序的重要基础，是建设韧性城市、促进城市高质量发展的重要工作内容。根据《本市地下管线安全排查和整治工作方案》(沪建设施联〔2022〕151号)要求,到 2022 年年底,在全面排查摸清底数的基础上,确保管线隐患全面清零,积极推进老旧管线更新改造,到 2024 年年底,老旧管线更新改造基本完成。

第 2 款,按地下管线事故的表现形式划分,一般包括泄漏、线缆故障、爆炸、火灾、堵塞、井盖类事故、设备设施损坏、路面塌陷、中毒和窒息、坠落、城市内涝和综合管廊事故等。而造成管线事故的主要原因:一是由于外力直接损坏,如施工开挖、打桩等由于外力直接造成的管线损坏;二是非外力的损坏,如地质沉降、管线老化等原因造成的管线损坏。其中,给水、排水、燃气和电力管线事故数量较多。相关研究收集到 2017—2019 年上海全市道路范围内发生的地下管线事故共 601 起,事故主要涉及给水、电力、燃气、排水等,而上海市地下管线长度约 12 万公里,即年均百公里事故率约 0.17。

2013 年起,国务院、住建部陆续出台了一系列的政策文件,对加强城市地下管线建设管理提出更高的要求。提高城市管线建设质量的措施包括按照相关规范标准要求优化管线管位、选择优质管材和严格把控施工质量等。加强运行维护是指要规范开展日常巡查和养护,比如排水管道需要按照国家和上海市相关规范标准的要求,加强检测、清淤和修复,确保管道系统安全高效运行。北京市"十四五"时期城市管理发展规划提出,年均地下管线百公里事故数 2020 年的数值是 0.84,到"十四五"时期末,年均地下管线百公里事故数下降至 0.7 起以内。

地下管线事故包括自然灾害、社会安全等引发的地下管线事故,每个管线破坏点按 1 个事故计算。地下管线事故数可按下式计算:

$$地下管线事故数 = \frac{城区地下管线事故数(起)}{城区地下管线长度(百公里) \times 城区建成年数(年)}$$

【本条评价方法】

规划设计评价:查阅相关规划文件及图纸报告。

实施运管评价:通过审核城区市政、安全生产监督等政府部门报送的燃气、供排水等三类城市地下管线统计数据和事故统计材料。

5.2.6 本条适用于规划设计、实施运管评价。

按照国家、上海市相关政策要求,应稳步推进城市地下综合管廊建设,即要结合新区建设、旧城改造、道路新(改、扩)建协同推进,提高可实施性。在重要地段和管线密集区建设综合管廊,提高综合管廊实施效果。国家标准《城市综合管廊工程技术规范》GB 50838—2015规定,城市新区主干路下的管线宜纳入综合管廊,综合管廊应与主干路同步建设。城市老(旧)城区综合管廊建设宜结合地下空间开发、旧城改造、道路改造、地下主要管线改造等项目同步进行。上海地区宜入廊的市政管线一般包括通信、电力和给水。

【本条评价方法】

规划设计评价:查阅相关规划文件及图纸报告。

实施运管评价:在规划设计评价方法之外,还应现场核实。

5.2.7 本条适用于规划设计、实施运管评价。

海绵城市指通过城市规划、建设的管控,综合采取"渗、滞、蓄、净、用、排"等技术措施,有效控制城市降雨径流,最大限度地减少城市开发建设行为对原有自然水文特征和水生态环境造成的破坏,使城市能够像"海绵"一样,在适应环境变化、抵御自然灾害等方面具有良好的"弹性",实现自然积存、自然渗透、自然净化的城市发展方式。海绵城市建设应统筹源头减排系统、雨水管渠系统、排涝除险系统和应急管理的城镇内涝防治系统,其中源头减排系统,又称低影响开发雨水系统,强调城镇开发应减少对环境的冲击,其核心是基于源头控制和延缓冲击负荷的理念,构建与自然相适应的城镇排水系统,合理利用景观空间设置绿色雨水基础设施,通过对雨水的渗透、储存、调节、转输与截污净化等功能,有效控制径流总量、径流峰值和径流污染。

第1款,城区规划文件中应包含低影响开发方案,并在控制性详细规划中落实低影响开发措施及目标的相关内容。绿色雨水基础设施作为项目建设的组成部分,应同时设计、同时施工、同时投入使用。相关的总平面规划设计、园林景观设计、建筑设计、给水排水设计、管线综合设计等应密切配合,相互协调。绿色雨水基础设施的设置应符合《上海市海绵城市专项规划(2016—2035)》的相关要求。

第2款,根据《上海市海绵城市专项规划(2016—2035)》,各区域的年径流总量控制目标取值范围应为70%～75%,绿色生态城区建设如能在本区相关规划指标的基础上提出更高要求,才可得分。

第3款,内涝防治系统是海绵城市建设的重要组成部分,也是城区水安全的重要保障。内涝防治是一项系统工程,涵盖从雨水径流的产生到末端排放的全过程控制,其中包括产流、汇流、调蓄、利用、排放、预警和应急措施等,而不仅仅包括传统的排水管渠设施。源头减排主要通过生物滞留设施、植草沟、绿色屋顶、调蓄设施和透水路面等措施控制降雨期间的水量和水质,可减轻排水管渠设施的压力并有效削减城区径流污染、改善城区生态环境。住房城乡建设部颁布了《海绵城市建设技术指南——低影响开发雨水系统构建(试行)》,对径流控制提出了标准和方法。国家全文强制性规范《城乡排水工程项目规范》GB 55027—2022 和《城镇内涝防治技术规范》GB 51222—2017 中对源头减排设施的设置规模和设计参数也都有明确要求。排水管渠主要由排水管道和沟渠等组成,其设计应考虑公众日常生活的便利,并满足较为频繁的降雨事件的排水安全要求。排涝除险设施,主要用来排除内涝防治设计重现期下超出源头控制设施和排水管渠承载能力的雨水径流。应急管理指管理性措施,以保障人身和财产安全为目标,既可针对设计重现期之内的暴雨,也可针对设计重现期之外的暴雨。

第4款,下穿立交道路和低洼区域道路一般是城市易涝点,上海市从2010年起开展下立交及道路积水监测系统建设,目前已完成了城区所有下穿立交道路积水监测点的设置,上海市排水事务管理中心也在城区部分低洼道路安装了积水监测点。绿色城区建设,为提高安全韧性,城区内的下穿立交道路和低洼区域道路不仅应按照规定设置积水监测点,还应配套设置预警预报显示屏,提高信息发布效率,便于途径的居民选择合适的出行路线,避免灾害的发生。

【本条评价方法】

规划设计评价:查阅相关规划设计资料。

实施运管评价:查阅相关竣工图、内涝防治评价报告、积水点记录等资料,并现场核实设施设置情况、翻阅相关历史监测数据。

5.2.8 本条适用于规划设计、实施运管评价。

2023年6月30日,市水务局联合市绿化和市容管理局、市规划资源局开展了林水复合工作调研,形成了《关于在本市河湖治理中推进林水复合建设试点的指导意见》,提出为着眼提升生态系统的品质和稳定性、强化特大型城市安全韧性,以实施林水复合建设为抓手开展试点,通过向水要林、向林要水,加强工作协同、整体设计,努力实现水中有绿、绿中有水,进一步巩固改善本市河湖治理成果、提高河湖调蓄空间和森林覆盖率,为促进人与自然和谐共生提供有力支撑。鼓励在新城绿环、全域土地整治试点等河湖治理项目中,在河网密度较低、除涝压力较大的区域,在现有凹地、退养鱼塘、坑塘水面、非规划河道、小微水体等区域,因地制宜开展林水复合试点。

从韧性提升方面考虑,通过河湖、林地竖向设计,可增加有效调蓄空间,提高城市安全韧性。宜实施林水复合的情况包括:①新建林地内,通过地形的竖向设计,实现新建林地和调蓄空间复合;②现状林地内,通过保护和疏理自然水系,优化调整排水通道,提高调蓄能力;③河湖河口线内,通过优化水域、边坡的断面设计,营造自然缓坡、增设种植平台,开展绿化造林;④河道整治陆域线内,通过协调纳入造林图斑,实现防汛通道与林地复合;⑤现状河道两岸,通过岸坡整理、植被选择,实现补绿增绿。

林水复合岸线比例可按下式计算:

$$\text{林水复合岸线比例} = \frac{\text{实施林水复合建设的河湖岸线长度(m)}}{\text{城区内适宜开展林水复合建设的河湖岸线总长度(m)}} \times 100\%$$

城区内行洪通道、区域主要引排水通道和重要航道等岸线不属于适宜岸线,评价时可扣除。

【本条评价方法】

规划设计评价:查阅绿色生态专业规划、城市设计、河道设计等相关规划设计文件,审查林水复合建设情况。

实施运管评价:查阅相关竣工图纸,并现场核查。

Ⅲ 管理韧性

5.2.9 本条适用于规划设计、实施运管评价。

城市地下市政基础设施建设是城市安全有序运行的重要基础,是城市高质量发展的重要内容。当前,城市地下市政基础设施建设总体平稳,基本满足城市快速发展需要,但城市地下管线、地下通道、地下公共停车场、人防等市政基础设施仍存在底数不清、统筹协调不够、运行管理不到位等问题,城市道路塌陷等事故时有发生。2020年12月,住房和城乡建设部发布了《关于加强城市地下市政基础设施建设的指导意见》,明确要求建立和完善综合管理信息平台。在地下市政基础设施普查的基础上,同步建立和完善综合管理信息平台,实现设施信息的共建共享,满足设施规划建设、运行服务、应急防灾等工作需要。

地下市政基础设施综合管理信息系统,对于城区合理规划建设和安全高效运行具有重要作用,可以实现设施可见、数据可溯、状态可知、工程可查。根据住房和城乡建设部 2021 年发布的《城市市政基础设施普查和综合管理信息平台建设工作指导手册》,地下市政基础设施综合管理信息平台中的地下管线数据应包括各类管线及附属设施的空间位置和几何形状等矢量信息,按管线段、管线点及附属设施相应图例表示;综合管廊、人行地下通道与人防工程数据应包含结构外轮廓尺寸形态、平面分布的经纬度坐标、断面类型、顶板覆土厚度、运行管线种类、抗力等级等内容;城市地下道路数据应包含结构外轮廓尺寸形态、平面分布的经纬度坐标、路幅形式、路面宽度等内容。信息平台应具有地下市政基础设施的二/三维地理信息基础管理、分析和展示功能,数据动态更新及信息共享功能,以及地下基础设施监测预警功能。

【本条评价方法】

规划设计评价:查阅城区或所在行政区市政基础设施综合管理信息系统相关方案。

实施运管评价:查阅城区或所在行政区相关数据库或平台信息。

5.2.10 本条适用于规划设计、实施运管评价。

为进一步提升城市安全风险辨识、防范、化解水平,推进安全发展示范城市创建工作,国务院安委会办公室组织编写了《城市安全风险综合监测预警平台建设指南(试行)》(简称"指南"),并于 2021 年印发。"指南"中明确提出要"构建全市层面的风险感知立体网络,对城市生命线、公共安全、生产安全和自然灾害等风险进行全方位、立体化感知。按照分步实施的原则,首先对城市燃气、供水、排水、热力、桥梁、综合管廊等生命线工程安全运行进行风险监测。"

第 1 款,按照"指南"要求,考虑到上海热力、综合管廊等设施较少,重点对燃气、供排水管网和桥梁安全提出要求。燃气管网压力和流量、用气餐饮场所可燃气体浓度主要依据现行国家标准

《城镇燃气设计规范》GB 50028 的要求进行感知;在高压、次高压管线和人口密集区中压主干管线,利用视频、振动等监测手段,进行管线施工破坏风险监测;利用浓度视频扫描设备,实现对场站燃气泄漏风险监测。地面塌陷,是一个缓慢的过程,通过实时分布式监测马路下面的供排水管道渗漏,以及地下建筑物的变形和沉降,可以提前预警路面塌陷。管道渗漏监测主要是指供水管道和排水管道,可依据现行行业标准《城镇供水管网运行、维护及安全技术规程》CJJ 207 和《城镇排水管道检测与评估技术规程》CJJ 181 等相关规定实施。桥梁坍塌风险监测主要对桥梁结构体本身和影响桥梁安全的外部荷载、气象环境等安全风险进行监测,可依据现行国家标准《建筑与桥梁结构监测技术规范》GB 50982 和现行行业标准《公路桥梁结构安全监测系统技术规程》JT/T 1037 等相关规定实施。

第 2 款,监测数据需要经过网络传输、汇聚处理和应用,才能服务于风险的预警。因此,要求相关监测数据应统一接入市级或区级平台,或城区内建立综合运行管理服务平台。

【本条评价方法】

规划设计评价:查阅相关规划文件和图纸。

实施运管评价:在规划设计评价方法之外,还应现场核实。

5.2.11 本条第 1 款适用于规划设计评价,第 2 款适用于实施运管评价。

上海作为超大城市具有复杂巨系统特征,人口、各类建筑、经济要素和重要基础设施高度密集,致灾因素呈现叠加,一旦发生自然灾害和事故灾难,可能引发连锁反应,形成灾害链。因此,在城区规划建设过程中应重视风险预警与响应体系的构建,提升城区安全韧性管理水平。

第 1 款,城区安全风险评估与应急响应规划涵盖对自然灾害、生态环境、生产安全等领域的突发事件风险的识别、防范和应急响应等方面内容。①风险识别:全面辨识、评判各类风险和危险源,系统掌握城区运行潜在的突发事件风险种类、数量和危害等各种状况;②风险预防:针对各类潜在风险,提出避免事故发生、减轻事故产生危害的预防措施,从源头上防范化解重大生产安全、气候灾害、环境污染等事故风险;③应急响应:构建覆盖各区域、各灾种、各行业的突发事件应急响应体系,提出城区或所在行政区突发事件应急救援指挥组织体系,明确相应管理部门职责。

第2款,按照规定针对城区生产经营单位、基层组织、相关环境风险企业等不同主体编制相应的应急预案,开展相关培训、宣传等工作。

(1)城区内生产经营单位应根据规定编制生产安全事故应急救援预案。根据《中华人民共和国安全生产法》(2021年修订版),生产经营单位是指"在中华人民共和国领域内从事生产经营活动的单位",即指一切合法或者非法从事生产经营活动的企业、事业单位和个体经济组织以及其他组织,不论其性质如何规模大小,只要是在中华人民共和国领域内从事生产经营活动,都应遵守《安全生产法》的各项规定。

(2)城区内相关单位和基层组织,应根据有关规定编制突发事件应急预案。根据国家和上海市应急管理相关办法规定,需要制定突发事件应急预案的单位和基层组织,包括:①轨道交通、铁路、航空、水陆客运等公共交通运营单位;②学校、医院、商场、宾馆、大中型企业、大型超市、幼托机构、养老机构、旅游景区、文化体育场馆等场所的经营、管理单位;③建筑施工单位以及易燃易爆物品、危险化学品、危险废物、放射性物品、病原微生物等危险物品的生产、经营、储运、使用单位;④供(排)水、发(供)电、供油、供气、通信、广播电视、防汛等公共设施的经营、管理单位;⑤其他人员密集的高层建筑、地下空间等场所的经营、管理单位;⑥市政府规定的其他单位。

(3)城区内相关环境风险企业,应根据有关规定编制突发环境事件应急预案。《上海市实施〈企业事业单位突发环境事件应急预案备案管理办法(试行)〉的若干规定》的第二条明确应开展风险评估和制定突发环境事件应急预案的企业范围,包括:①可能发生突发环境事件的污染物排放企业,包括污水、生活垃圾集中处理设施的运营企业;②生产、储存、运输、使用危险化学品的企业,产生收集、贮存、运输、利用、处置危险废物的企业;③尾矿库企业,包括湿式堆存工业废渣库、电厂灰渣库企业;④其他应当纳入适用范围的企业。

(4)根据《中华人民共和国突发事件应对法》第二十九条:县级人民政府及其有关部门、乡级人民政府、街道办事处应当组织开展应急知识的宣传普及活动和必要的应急演练。居民委员会、村民委员会、企业事业单位应当根据所在地人民政府的要求,结合各自的实际情况,开展有关突发事件应急知识的宣传普及活动和必要的应急演练。城区管理部门作为重要的政府基层部门,应当构建多样的突发事件应急宣传教育模式和平台,积极组织开展应急知识的宣传普及活动,并定期组织必要的应急演练。

【本条评价方法】

规划设计评价:查阅相关规划文件。

实施运管评价:按照得分情况查阅以下材料:

第1项,查阅评价区内生产经营性单位名单,并抽查(不少于3家)生产安全事故应急救援预案编制情况;查阅应编制企业突发事件应急预案和突发环境事件应急预案的企业名单、已编制突发事件应急预案和突发环境事件应急预案的企业名录及其预案备案号等相关文件。

第2项,查阅城区针对社区居民的各类应急预案演练管理制度文件,以及演练记录含文字、图片和视频档案资料。

第3项,查阅相关宣传教育活动记录,并现场核实。

6 健康宜居

6.1 控制项

6.1.1 本条适用于规划设计、实施运管评价。

经依法批准的城市规划，是城市建设和管理的依据，必须严格执行。《城乡规划法》第二条明确："本法所称城乡规划，包括城镇体系规划、城市规划、镇规划、乡规划和村庄规划"；第四十二条规定："城市规划主管部门不得在城乡规划确定的建设用地范围以外作出规划许可"。因此，任何建设的选址必须符合上海市城乡规划。上海市城乡规划主要包括上海市城市总体规划、各区总体规划、单元规划、控制性详细规划等。

各类保护区是指受到国家法律法规保护、划定有明确的保护范围、制定有相应的保护措施的各类政策区，主要包括：基本农田保护区（《基本农田保护条例》）、风景名胜区（《风景名胜区条例》）、自然保护区（《自然保护区条例》）、历史文化名城名镇名村（《历史文化名城名镇名村保护条例》）、历史文化街区（《城市紫线管理办法》）等。

成熟地区指在交通设施和公共服务设施等配套方面较为成熟，且具备一定的人口基础的区域。新建城区毗邻成熟地区进行开发，可充分利用已有设施基础，与现状设施、资源、人口、就业等进行有效衔接，减少资源浪费并激发未开发地区的活力。

更新城区的更新建设活动应符合《上海市城市更新实施办法》（沪府发〔2015〕20号）、《上海市城市更新规划土地实施细则》（沪规土资详〔2017〕693号）、《上海市城市更新条例》、《上海市城市更新指引》（沪规划资源规〔2022〕8号）及国家相关标准规范的规定。《上海市城市更新规划土地实施细则》明确为激发都市活力,完善功能配套,促进功能复合,提升城市品质,鼓励、引导物业权利人按照本细则的相关规定,开展建成区的更新建设活动。城市更新应当坚持以下原则:一是规划引领,有序推进。落实规划要求,分类引导,依法推进,实现动态、可持续的有机更新。二是注重品质,公共优先。坚持以人为本,激发都市活力,提升城市品质和功能,优先保障公共要素,改善人居环境,增强城市魅力。三是多方参与,共建共享。搭建实施平台,创新规划土地政策,使多元主体、社会公众、多领域专业人士共同参与,实现多方共赢。

【本条评价方法】

规划设计评价:查阅城区区位图、地形图以及上海市规划、建设、交通、环保、文化、旅游或相关保护区等有关行政管理部门提供的法定规划文件或出具的证明文件。

实施运管评价:在规划设计评价方法之外,还应现场核实。

6.1.2 本条适用于规划设计、实施运管评价。

城区规划时采用产城融合、土地复合利用模式可以避免因用地单一性造成的城市资源浪费,为居民生活提供基础保障,减少居民出行距离,为绿色出行提供基础。《上海市新城规划建设导则》将产城融合作为核心理念之一,即功能产业能级高,生产、生活无界融合,住宅供给特色多元,实现以功能引人、以产业聚人、以安居留人,形成产城融合、人气汇聚、活力繁荣的城市。因此,城区内建设用地必须符合《上海市控制性详细规划技术准则》的相关规定,并保证包含居住用地(R类)和公共设施用地(C类)。

【本条评价方法】

规划设计评价:查阅相关规划文件和图纸。

实施运管评价:在规划设计评价方法之外,还应现场核实。

6.1.3 本条适用于规划设计、实施运管评价。

优良的地表水、空气和声环境质量是绿色生态城区的基本特征之一。地方政府划定并发布的地表水、空气、噪声等环境功能区划,是制定区域环境质量保护目标、评估区域环境质量水平的重要依据。达到地方政府发布的各项环境功能区划的功能类别质量要求,是绿色生态城区环境质量应实现的基本要求。

目前,各要素的环境功能区划均由上海市生态环境局组织编制划定、市政府批复实施,主要针对全市不同环境要素划定不同功能的空间布局,并制定相应的环境质量目标要求。具体而言,城区的地表水水质应符合《上海市水环境功能区划》划定的相应功能区水质类别要求;城区的空气质量应符合《上海市环境空气质量功能区划》划定的相应功能区大气环境质量要求;城区的声环境质量应符合《上海市声环境功能区划》划定的相应功能区声环境质量要求。各环境功能区划将根据相关法律,不定期由相关部门组织进行修订。

突发环境事件是指由于污染物排放或自然灾害、生产安全事故等因素,导致污染物或放射性物质等有毒有害物质进入大气、水体、土壤等环境介质,突然造成或可能造成环境质量下降,危及公众身体健康和财产安全,或造成生态环境破坏,或造成重大社会影响,需要采取紧急措施应对的事件,主要包括大气污染、水体污染、土壤污染等突发性环境污染事件和辐射污染事件。其分级标准参照《国家突发环境事件应急预案》(国办函〔2014〕119号)附件《突发环境事件分级标准》,分为特别重大、重大、较大和一般四个级别。

【本条评价方法】

规划设计评价:查阅环境保护相关规划文件,审核环境保护规划目标,查询突发环境事件记录。

实施运管评价:查阅城区地表水、空气、噪声环境质量监测评价报告及相应的上海市环境功能区划要求,并现场核查,查询突发环境事件记录。

6.2 评分项

Ⅰ 用地与空间布局

6.2.1 本条适用于规划设计、实施运管评价。

功能定位是城区发展和竞争战略的核心,科学的功能定位利于实现城市土地集约化,减少长距离钟摆交通带来的能源资源浪费;同时还可促进人口就业平衡,规避盲目城市化带来的空城现象。

职住平衡指标可以较好地说明城区产城融合的状况。职住平衡(Jobs-Housing Balance,简称"JHB")指在某一给定的区域范围内,居民中劳动者的数量和就业岗位的数量大致相等。做好职住平衡工作,有利于促进产业合理布局和提高基础设施利用水平,减少居民通勤时间,其测度指标为职住平衡比(JHB)。计算公式为

$$职住平衡比(JHB)=\frac{就业岗位数}{在业人口居住数量}$$

其中,就业岗位数是指不同产业建筑能够容纳的劳动力数量;在业人口居住数量指现状或规划居民中劳动者的数量,在业人口居住数量可采用城区规划住房数量或家庭数量进行换算。

依据相关文献研究,职住平衡比在 0.8~1.2 之间为居住就业平衡区,提供的就业岗位与在业居住人口数量基本匹配;职住平衡比大于 1.2,表示提供岗位数量与在业居住人口相比较大,就业岗位富余;职住平衡比小于 0.8,表示在业居住人口数量较大,就业岗位供给不足;而职住平衡比大于 5 或小于 0.5,则表明职住严重不均,为高度就业主导区或高度居住主导区。

评价数据源于各地区统计年鉴或建设主管部门主导制定的控制性详细规划、调查数据。

【本条评价方法】

规划设计评价:审核有关行政管理部门出具的规划文件和图纸(如总体规划和详细规划图纸等)。

实施运管评价:审核规划文件和图纸,并查阅当地统计年鉴,进行现场核实。

6.2.2 本条适用于规划设计、实施运管评价。

土地功能的复合利用强调多功能的空间交互,强调"以人为中心"的设计理念,追求多功能的设计和设施的高效利用。

本条中的"街坊"与上海市城市总体规划确定的城乡体系"区县—体系—社区—编制单元—街坊—地块"中的街坊一致,在控制性详细规划图则中具有明确的编码。

混合功能街坊指一个街坊内含有两类或两类以上不同功能。本条纳入混合功能街坊评定的用地性质应为《上海市控制性详细规划技术准则》规定的城乡用地分类及代码表中大类代码居住用地(R)和公共设施用地(C)下不同中类代码性质用地的混合,并符合《上海市控制性详细规划技术准则》中用地混合引导表的要求。功能用途互利、环境要求相似或相互间没有不利影响的用地,宜混合设置。鼓励公共活动中心区、历史风貌地区、客运交通枢纽地区、重要滨水区内的用地混合。

功能混合街坊比例为功能混合街坊用地面积之和占城区街坊总用地面积的比例,单个街坊用地面积全部为水系、绿地或水系与绿地组合时,不计入考核范围。计算公式为

$$\frac{功能混合街坊}{比例(\%)} = \frac{\sum 功能混合街坊用地面积(km^2)}{街坊总用地面积(km^2)} \times 100\%$$

环境要求相斥的用地之间禁止混合,包括以下情况:①严禁危险品仓储用地、公共卫生设施用地与其他任何用地混合;②严禁特殊用地与其他任何用地混合;③严禁二类工业用地与居住用地、公共设施用地混合。

【本条评价方法】

规划设计评价:查阅相关规划文本及图纸、功能混合街坊比例计算书等。

实施运管评价:在规划设计评价方法之外,还应现场核实。

6.2.3 本条适用于规划设计、实施运管评价。

《中共中央国务院关于进一步加强城市规划建设管理工作的若干意见》提出"推动发展开放便捷、尺度适宜、配套完善、邻里和谐生活街区",树立"窄马路、密路网"的城市道路布局理念,加强自行车道和步行系统建设,倡导绿色出行。

城市道路网内的道路包括快速路、主干路、次干路和支路,不包括居住区内(即小区围墙内)的道路,依道路网内的道路中心线计算其长度。由于工业区、公园道路网密度多以生产性质、功能来决定,因此,本条评价对象为城区内工业区用地和面积大于 4 ha 以上地区(级)公园范围之外的路网密度。

第 1 款中街区内路网密度是指街区内各类道路的总长度与其建设用地面积之比,计算公式为

$$路网密度(km/km^2) = \frac{城区内各类道路的总长度(km)}{城区内建设用地面积(km^2)}$$

第 2 款中城区道路面积率是反映城市建成区内城市道路拥有量的重要经济技术指标,计算公式为

$$道路面积率(\%) = \frac{城区道路用地总面积(km^2)}{城区建设用地面积(km^2)} \times 100\%$$

【本条评价方法】

规划设计评价:查阅相关规划文件、计算书。

实施运管评价:在规划设计评价方法之外,还应现场核实。

6.2.4 本条适用于规划设计、实施运管评价。

公共交通导向的用地布局模式是一种有节制的、公交导向的"紧凑开发"模式,通过提高开发强度来增加土地使用的效率。

《上海市城市总体规划(2017—2035年)》中明确,依托轨道交通站点、公交枢纽等空间,综合设置社区行政管理、文体教育、康体医疗、福利关怀、商业服务网点等各类公共服务设施。以TOD为导向,各种功能设施综合设置、集中布局、集约发展。

《关于加强容积率管理全面推进土地资源高质量利用的实施细则(2020版)》(沪规划资源详〔2020〕148号)提出,加强轨道交通导向的土地利用。倡导以公共交通为导向的城市空间发展模式,围绕轨道交通站点集聚城市功能,适度提高站点周边土地开发强度,地上地下整体开发,打造紧凑集约、运行高效的城市格局。轨道交通站点600 m范围内适用"特定强度区"政策。

【本条评价方法】

规划设计评价:查阅控制性详细规划文本及图纸、轨道交通站点用地规划图及600 m范围内用地容积率计算书。

实施运管评价:在规划设计评价方法之外,还应现场核实。

6.2.5 本条适用于规划设计、实施运管评价。

《上海市控制性详细规划技术准则》(2016年修订版)空间管制章节中明确提出:彰显地区文化内涵,传承历史文脉,体现时代精神,协调建筑与周边环境的关系,构建富有地域特征和人文魅力的城市风貌。

第1款,新建城区要加强城市设计编制工作,并建立实施监督机制,避免随意修改已经批准的城市设计。结合不同的地域条件,重点针对空间形态(不同于规划中的高度规定)、公共空间、建筑风貌、街区尺度、街墙界面、材质色彩、步行环境、街道家具、照明系统和标识系统等提出符合美学和文化特质的具体要求。并结合人的心理感知建立起具有整体结构特征、易于识别的城市意象和氛围,避免"千城一面"。

第2款,更新城区中的更新建设活动应符合《上海市城市更新实施办法》(沪府〔2015〕20号)、《上海市城市更新规划土地实施细则》(沪规土资详〔2017〕693号)、《上海市城市更新条例》、《上海市城市更新指引》(沪规划资源规〔2022〕8号)及国家相关标准规范的规定。《上海市城市更新指引》提出,针对需要整体提升转型的区域,由更新统筹主体按照规划,统筹各利益主体更新意愿,达成共识,编制区域更新方案,组织实施城市更新。区域更新方案主要包括规划实施方案、利益平衡方案和全生命周期管理清单。其中规划实施方案包括土地使用、开发强度、空间管制、道路交通等系统的开发指标。规划实施方案编制过程中可以按需开展城市设计、公共服务设施、交通影响评价等专题研究。

【本条评价方法】

规划设计评价:查阅相关城市设计或规划实施方案的文件、图纸、监管办法等。

实施运管评价:在规划设计评价方法之外,还应现场核实。

Ⅱ 公共空间

6.2.6 本条适用于规划设计、实施运管评价。

公共开放空间兼具游憩、调节气候、美化环境、防灾减灾等综合作用,它是表征城市整体环境水平和生活环境质量的一项重要指标。本条中的公共开放空间包括建成区的公园绿地、水体、广场、文体设施及其他各类设施的附属各个空间,也包括市域范围内的各类可供市民亲近的生态开敞空间,不包括室内、半室内公共空间及供特定人群的半私密空间。

《上海市城市总体规划(2017—2035年)》中明确建设便利可达、人性化、多样性的公共休闲空间,充分考虑市民的多样化活动需求,持续增加公共空间的面积和开放度,提高公共空间覆盖率。强化公共空间的贯通性,以慢行道、滨水沿路的线形公共空间、建筑的公共通道等资源为主,辅以桥梁、天桥、地道等衔接要素,将公共空间编织成网。

第1款,重点是以骨干河道为骨架,系统性贯通两侧公共空间,并打造"看得见、进得去"的高品质蓝绿走廊。骨干河道两侧公共空间贯通率可按下式计算：

$$公共空间贯通率(\%) = \frac{城区骨干河道两侧公共空间贯通长度(km)}{城区骨干河道两侧岸线长度(km)} \times 100\%$$

（骨干河道两侧公共空间贯通率(%)）

第 2 款要求落实上位规划确定的市级和地区级公共绿地、生态廊道、城市广场等大型公共开放空间，设置为周边居民服务的社区级小型公共开放空间。对于更新城区，应结合城市更新，增加小型公共空间，并鼓励保留地块内的空间向公众开放。

纳入本条计算的单个公共开放空间面积不少于 400 m²，带状公共绿地宽度须大于 8 m。公共开放空间服务半径为 5 min 步行可达，按照 300 m 计算，公共开放空间覆盖率计算公式为

$$公共开放空间覆盖率(\%) = \frac{城区公共开放空间按 300\ m 服务半径计算覆盖城区建设用地面积(km^2)}{城区建设用地面积(km^2)} \times 100\%$$

【本条评价方法】

规划设计评价：查阅相关规划文件和图纸、计算书。

实施运管评价：在规划设计评价方法之外，还应现场核实。

6.2.7 本条适用于规划设计、实施运管评价。

绿地具有美化环境、维护生态、涵养雨水、净化空气、防灾减灾、有益身心健康等作用。城区绿地包括公园绿地、生产绿地、防护绿地、附属绿地，以及满足植物绿化覆土要求的地下或半地下建筑的屋顶绿化。

绿地率指建设用地范围内各类绿地面积之和占总建设用地面积的比例，计算公式为

$$绿地率(\%) = \frac{\sum 各类绿地面积(km^2)}{城区建设用地面积(km^2)} \times 100\%$$

公园绿地是城市中向公众开放的、以游憩为主要功能，有一

定的游憩设施和服务设施,同时兼有健全生态、美化景观、防灾减灾等综合作用的绿化用地。人均公园绿地面积的计算公式为

$$人均公园绿地面积(m^2/人) = \frac{\sum 公园绿地面积(m^2)}{城区总人口(人)}$$

考虑到当前全市绿化建设的迫切需求和现实基础,故对新建城区提出较高绿地率要求,而适当放宽对更新城区的绿地率要求。更新城区鼓励在符合规划和相关规定的前提下,整合可利用空地与闲置用房等空间资源,增加对公众开放的绿化空间。根据《上海市控制性详细规划技术准则》,单个社区以下级公共绿地用地面积不得低于 400 m²,服务半径为 300 m~500 m。

【本条评价方法】

规划设计评价:查阅相关规划文件和图纸、计算书。

实施运管评价:在规划设计评价方法之外,还应现场核实。

6.2.8 本条适用于规划设计、实施运管评价。

慢行交通系统是城市综合交通体系的重要组成部分。《上海市慢行交通规划设计导则》(2021 年)提出步行交通网络应包括市政道路范围内的人行道、步行街、公共通道、过街天桥和地道、空中步行连廊、公共绿地内的步行空间等。非机动车交通网络应包括市政道路范围内的非机动车道、自行车专用路、公共通道、公共绿地内的骑行空间等。

步行交通网络全路网密度达到 10 km/km²,且非机动车交通网络全路网密度达到 8 km/km²。工业区和物流园区的步行和非机动车交通网络全路网密度应根据产业特征确定,可适当降低要求,但全路网密度均应大于 4 km/km²。

第 1 款中计算公式为

$$步行交通网络全路网密度(km/km^2) = \frac{城区内各类服务于步行的交通网络的总长度(km)}{城区建设用地面积(km^2)}$$

$$\dfrac{\text{非机动车}}{\text{交通网络}} = \dfrac{\text{城区内各类服务于非机动车的交通网络的总长度(km)}}{\text{城区建设用地面积(km}^2)}$$

（km/km²）

《上海市街道设计导则》提出,街道是城市数量最多、活动最为密集的公共开放空间,其规划、建设管理应当实现从"主要重视机动车通行"向"全面关注人的交流和生活方式"转变。

第2款,安全有序指的是协调人、车、路的时空关系,促进交通有序运行,保障行人安全、舒适通过路口或横过街道。功能复合指的是增强沿街功能复合,形成活跃的空间界面。活动舒适指的是街道环境设施便利、舒适,适应各类活动需求。空间宜人指的是街道空间有序、舒适、宜人,1.5∶1至1∶2之间的高宽比较为宜人,其中商业街道可适度紧凑,较窄的商业街高宽比可达到3∶1,而交通性街道和综合性街道两侧可适度开敞,高宽比宜控制在1∶1至1∶2之间。

【本条评价方法】

规划设计评价:查阅相关规划文件、计算书。

实施运管评价:在规划设计评价方法之外,还应现场核实。

Ⅲ　全龄友好

6.2.9　本条适用于规划设计、实施运管评价。

构建十五分钟生活圈,应符合《上海市 15 分钟社区生活圈规划导则(试行)》(2016)、《上海市"15 分钟社区生活圈"行动工作导引》(2023)。

《上海市 15 分钟社区生活圈规划导则(试行)》明确社区服务设施包括基础保障类设施和品质提升类设施。品质提升型设施是为了提升社区居民的生活品质,可根据人口结构、行为特征、居民需求等条件可选择设置的设施。《上海市"15 分钟社区生活圈"行动工作导引》在落实行业标准《社区生活圈规划技术指南》

TD/T 1062—2021,整合完善《上海市 15 分钟社区生活圈规划导则(试行)》《上海市乡村社区生活圈规划导则(试行)》的基础上,重点立足操作层面,明确开展行动的技术要求、主要环节和注意事项,为各区、部门、街镇等行动参与方提供参考。

本条侧重于基本公共配套设施的布局优化和服务品质提升。

第 1 款,针对城区内与居民生活联系较为密切的社区教育、医疗、养老、文化、体育设施的覆盖率提出要求,每类社区级公共服务设施的服务半径需要满足《上海市 15 分钟社区生活圈规划导则》的相关要求。社区教育设施中幼儿园的服务半径不大于300 m,小学的服务半径不大于 500 m,初中、高中的服务半径不大于 1 000 m;社区医疗设施中社区卫生服务中心的服务半径不大于 1 000 m,卫生服务站的服务半径不大于 500 m;社区养老设施中日间照料中心的服务半径不大于 500 m,老年活动室的服务半径不大于 300 m;社区文化设施中社区文化活动中心、青少年活动中心的服务半径不大于 1 000 m;社区体育设施中综合健身馆、游泳池(馆)、运动场的服务半径不大于 1 000 m。每一项中涉及的具体社区级公共服务设施全部达标方可得分;执行覆盖率要求确有困难的地区,应保证社区级公共服务设施的用地面积及建筑面积符合《上海市 15 分钟社区生活圈规划导则》的相关要求,也可得分。

第 2 款,是一个开放性的得分项,鼓励根据地区特点、人群诉求、服务半径等合理增设品质提升型设施,该类设施服务半径需要满足《上海市 15 分钟社区生活圈规划导则》的相关要求。

公共服务设施覆盖率的计算公式如下:

$$某类公共服务设施覆盖率(\%) = \frac{按服务半径计算覆盖居住用地面积(km^2)}{居住用地面积(km^2)} \times 100\%$$

【本条评价方法】

规划设计评价:查阅相关规划文件、图纸等。

实施运管评价:在规划设计评价方法之外,还应现场核实。

6.2.10 本条适用于规划设计、实施运管评价。

1996 年,联合国儿童基金会和联合国人类住区规划署共同发起儿童友好城市倡议,旨在推动全球各地更好地把儿童福祉融入社会发展和城市治理中。

2021 年,国家发改委联合住建委等 23 个部门发布《关于推进儿童友好城市建设的指导意见》,推动儿童友好理念深入人心,儿童友好要求在社会政策、公共服务、权利保障、成长空间、发展环境等方面充分体现。到 2035 年,预计全国百万以上人口城市开展儿童友好城市建设的超过 50%,100 个左右城市被命名为国家儿童友好城市。2022 年,上海市人民政府办公厅发布《上海市儿童友好城市建设实施方案》,该方案提出,到 2035 年,形成与具有世界影响力的社会主义现代化国际大都市相匹配的儿童友好城市品牌,建设成为国内领先、国际知名的儿童友好城市。

儿童友好就是为了保障和实现儿童的生存权、发展权、受保护权和参与权,为儿童的全面发展提供适宜的政策、空间、环境和服务。

第 1 款,公共场所的各类设施符合《城市儿童友好空间建设导则(试行)》要求,根据建筑使用功能、地方婴幼儿数量等因地制宜确定母婴室数量,对建筑面积超过 1 万 m² 或日客流量超过 1 万人的交通枢纽、商业中心、医院、旅游景区及游览娱乐等公共场所应配置使用面积不少于 10 m² 的独立母婴室,并配置基本设施,该条可得分。其他公共服务设施、交通设施、商业服务设施及妇女儿童等特定人群活动场所鼓励设置母婴室。结合儿童设计儿童厕位及洗手池,提供具有人文关怀的休息等服务设施,应建立完整且便于儿童理解、识别的标识导览系统。

第 2 款,儿童活动空间打造,重点为儿童提供一个健康、安全、趣味的儿童活动场地,社区充分利用游园、口袋公园、多功能运动场地,结合设计儿童游戏场地和体育运动场地;老旧小区因地制宜进行儿童友好化场地改造,注意尺度感、色彩、铺装、植物等细节设计。

【本条评价方法】

规划设计评价:查阅相关规划文件、图纸等。

实施运管评价:在规划设计评价方法之外,还应现场核实。

6.2.11 本条适用于规划设计、实施运管评价。若城区内无过街天桥和过街隧道,本条第1款可直接得分。

城市的无障碍环境建设,是为了提高全民的社会生活质量。"十四五"期间,上海市要全面落实《上海市无障碍环境建设与管理办法》,加强无障碍环境建设与管理工作,聚焦残疾人关心的热点问题,制定具体实施办法。要全方位打造无障碍城市,将无障碍设施维护纳入"一网统管"和城市网格化管理。根据《上海市老年友好城市建设导则(试行)》,无障碍设施是指在城市道路和建筑物中,为方便残疾人或行动不便者设计的使之能参与正常活动、通行方便的设施。现行无障碍建设、管理的相关法规、规范,多为倡议和鼓励性的,缺乏强制性。本标准以城区为评价对象,故并不对建筑物相关的无障碍设施进行评价,仅以城市道路涉及的过街设施作为量化评价的对象。

第1款,人性化的过街人行横道设施体现了城区设计对不同使用者需求的关爱。在城市的一些重点路段、交通枢纽、商业中心等人流密集地区的人行天桥和人行地道设置无障碍电梯、升降平台或扶梯、轮椅坡道、提示盲道,方便残障人士的出行,同时为老年人以及携带行李的人们提供便利。

第2款,更好地为弱势群体服务,提供无障碍的通行环境,对主次干道及城市人流集中、公共建筑集中区域设置盲道。

【本条评价方法】

规划设计评价:查阅相关规划文件和图纸。

实施运管评价:在规划设计评价方法之外,还应现场核实。

6.2.12 本条适用于规划设计、实施运管评价。

党的十九大报告指出，要坚持"房子是用来住的、不是用来炒的"定位，加快建立多主体供给、多渠道保障、租购并举的住房制度，让全体人民住有所居。城市住房发展应以人为本，切实保障市民享有合适的住房，并完善公平多元的公共服务，促进和谐社会的建设。

《国务院办公厅关于加快培育和发展住房租赁市场的若干意见》要求以建立购租并举的住房制度为主要方向，健全以市场配置为主、政府提供基本保障的住房租赁体系。支持住房租赁消费，促进住房租赁市场健康发展。《上海市住房和城乡建设管理"十四五"规划》明确"十四五"期间住房发展将聚焦户籍人口中的住房困难群众，特别是中低收入住房困难家庭，以及在本市稳定就业的非沪籍常住人口，不断完善保障性住房分配供应政策，有序推进公共租赁住房拆套供应。扩大保障性租赁住房供给，坚持供需匹配、强化职住平衡。同时深入改善既有住房居住条件，结合《关于开展完整社区建设试点工作的通知》《完整居住社区建设指南》要求，分类推进老旧小区更新改造。

故本条对新增住房做如下界定：对正在编制或修编控制性详细规划的城区，新增住房为控制性详细规划中待开发地块上的住宅建筑，不包含规划中保留和在建地块上的住宅建筑；对于无控制性详细规划修编计划的城区，新增住房为城区启动绿色生态专业规划编制时，尚未划拨或出让的住宅建筑工程项目，以及经许可的非居住存量房屋改造和转化的租赁住房。本条要求老旧小区经评估后，针对性开展建筑修缮、加装电梯、增补绿化、完善配套设施等宜居性改造升级。

第 1 款，新增住房中保障性住房、市场化公共租赁住房面积比例可按下式计算：

$$\text{新增住房中保障性住房面积比例}(\%) = \frac{\text{新增住房中保障性住房、市场化公共租赁住房面积}(\text{m}^2)}{\text{城区新增住房总面积}(\text{m}^2)} \times 100\%$$

第2款,改造老旧小区比例可按下式计算:

$$改造老旧小区比例(\%)=\frac{改造小区总面积(m^2)}{城区老旧小区总面积(m^2)}\times100\%$$

【本条评价方法】

规划设计评价:查阅控制性详细规划、所在区的保障房和租赁住房政策文件、各类住房项目实施计划、相关比例计算书等,审查相关保障住房、租赁住房规划布局方案,核实两类住房的面积数据。

实施运管评价:查阅各类住房项目实施计划的实施情况报告,审查保障性住房、租赁住房的项目列表,并现场核查。

Ⅳ 生态环境品质

6.2.13 本条适用于规划设计、实施运管评价。

城市生物多样性是指城市范围内各种非人生物体有规律地结合在一起所体现出来的基因、物种和生态系统的分异程度。城市生物多样性作为全球生物多样性的一个特殊组成部分,体现了城市范围内除人以外的生物富集和变异的程度,是城市环境的重要组成部分,更是城市环境、经济可持续发展的资源保障。2021年10月中共中央办公厅、国务院办公厅印发了《关于进一步加强生物多样性保护的意见》,为贯彻这一要求,同年11月,上海市发布了《关于进一步加强生物多样性保护的实施意见》,文件提出"系统性提升上海生物多样性保护能力和水平,进一步推进生态之城建设,促进人与自然和谐共生"。

绿化是城市环境建设的重要内容,是城市生物栖息的重要空间载体,合理配置绿化植被,对于优化和提升生态系统服务功能,保护生物多样性具有重要意义。

第1款,集中绿地为大片集中的绿地、绿化带,除了宅间绿地和路旁绿地外的成块状或带状绿地,宽度不小于8 m、面积不小于

400 m²,满足日照要求。查看城区生境、生态廊道、生态板块的相关规划,针对集中绿地开展某一目标物种、种群或群落的觅食、饮水和庇护的生活场所的生物友好型规划设计。

第 2 款,查看城区绿色生态相关规划,针对景观、碳汇及生物友好等目标,建立层次丰富、结构立体、物种多样、功能多样的生物群落,丰富植物物种,增加本土及动物友好型植物,增强植物群落的稳定性,对城区的绿化建设提出科学、合理的乔-灌-草植被结构及布局规划设计。

第 3 款,评价对象为城区合理采用屋顶绿化、垂直绿化等立体绿化形式。结合自身条件,屋顶绿化可以选用花园式、草坪式、组合式等形式。垂直绿化常见造景形式有墙面绿化、廊架绿化、立柱绿化、围栏绿化以及山石、驳岸绿化等。

【本条评价方法】

规划设计评价:查阅绿色生态专业规划,审查其中生物友好型栖息地、复层绿化种植结构,以及屋顶绿化、垂直绿化等绿化规划内容。

实施运管评价:查阅相关规划内容,并现场核查。

6.2.14 本条适用于规划设计、实施运管评价。

绿色生态城区内施工场地、餐饮企业、汽车维修企业等主要大气污染源应得到相应的有效管控,并确保没有超标排放和污染扰民现象。

第 1 款,城区内施工扬尘控制应严格按照《上海市建设工程文明施工管理规定》《上海市房屋建筑工地扬尘污染防治工作方案》(沪建质安联〔2019〕208 号)和现行上海市工程建设规范《文明施工标准》DG/TJ 08—2102 等要求,并符合现行上海市地方标准《建筑施工颗粒物控制标准》DB31/964 的相关规定。城区应制定扬尘污染的预防和控制措施,有效防治扬尘对城区环境的影响,且半年内无扬尘污染环保处罚事件。

第 2 款,城区餐饮企业应符合《上海市饮食服务业环境污染防治管理办法》《上海市大气污染防治条例》等法规要求。对于产生油烟污染的饮食服务项目,应安装与其经营规模相匹配的油烟净化设施,油烟排放应符合现行上海市地方标准《饮食业油烟排放标准》DB31/844的相关规定,且半年内无餐饮油烟企业违法排污的环保处罚事件。城区汽车维修服务企业污染物排放应符合《上海市大气污染防治条例》《上海市生态环境局关于本市开展汽车维修行业大气污染提标治理工作的通知》及现行上海市地方标准《汽车维修行业大气污染物排放标准》DB31/1288等相关法规政策要求,且半年内无汽车维修服务企业大气污染源超标排放环保处罚事件。

【本条评价方法】

规划设计评价:查阅大气污染防治规划方案、大气污染源信息及监管方案等文件。

实施运管评价:查阅城区内餐饮企业、汽修企业、施工工地等大气污染源信息目录,污染源相关监测报告,相关领域环保处罚记录,扬尘污染的预防和控制措施文件,餐饮企业油烟净化设施安装清单,并现场核查。

6.2.15 本条适用于规划设计、实施运管评价。若城区内无高速路、高架路、地面轨道交通道路,本条第2款可直接得分。

本条旨在为城区创造良好的声环境,减少噪声污染。城区相关专项规划(或相关规定)应对城市声环境质量提出要求,并制定相应的噪声防治措施,并贯彻落实好具体噪声防治工作。

城区内噪声源主要来自交通噪声、施工噪声、生活噪声等。噪声敏感建筑物是指用于居住、科学研究、医疗卫生、文化教育、机关团体办公、社会福利等需要保持安静的建筑物。交通噪声可通过采用低噪声路面、声屏障等技术措施降低,本条要求对高速路、高架路、地面轨道交通道路两侧建设声屏障;建筑施工噪声可通过在施工过程中采用低噪声的施工机械和先进的施工技术,合理安排施工时间等措施以达到控制噪声目的;生活噪声可通过在居住生活区设置噪声实时显示牌和禁鸣标志、制定相关管理规定等措施进行控制。

第 1 款,要求城区半年内没有因施工噪声、交通噪声扰民的信访投诉而被处罚的情形。

第 2 款,要求城区内高速路、高架路、地面轨道交通道路两侧30 m 内存在敏感区的区域均设置声屏障。声敏感区主要指疗养处所、医院、学校、机关、科研单位、居住区等。

第 3 款,城区新建噪声敏感建筑应有隔声设计,并符合现行国家标准《民用建筑隔声设计规范》GB 50118 的相关规定。

【本条评价方法】

规划设计评价:查阅城区绿色生态专业规划、声环境保护相关规划等文件,道路噪声、施工噪声相关工程实施方案、管理措施文件。

实施运管评价:查阅建筑施工、社会生活、交通运输噪声投诉记录;查勘高速公路、高架道路、地上轨交噪声隔离设施建设情况;查验噪声敏感建筑隔声设计方案与验收报告。

7 低碳高效

7.1 控制项

7.1.1 本条适用于规划设计、实施运管评价。

城区能源规划是城区建筑节能、能源高效利用和城市低碳发展的重要举措,是我国实现城市碳中和战略的重要举措。相对于传统的市政能源规划和建筑节能设计,制定能源综合利用规划,为城区能源协同高效利用提供支撑。

城区能源综合利用规划应坚持以人为本、生态优先、高效利用和因地制宜的原则,通过高效、经济、合理地整合和利用供需侧资源,提高可再生能源利用率,使整个系统的能耗、碳排放和社会总成本最低。

在城区能源综合利用规划中,应基于规划结构、功能布局、能耗统计等信息,对区域内资源条件、基础设施等进行分析,确定能源结构、能耗总量及碳排放量,提出能源系统总体规划目标,并对能源规划目标进行分解,制定能源合理利用的关键指标体系,包括用能形式、资源配置方法、可再生能源利用率等,将能源综合利用规划中的要求落实到位。同时,基于能源资源综合评估,开展供电、燃气、供热设施容量的预测,保障供电、供气和供热等能源基础设施高效建设。

城区能源综合利用规划应包括文本和图件。其中,文本包括总则(规划目的、原则、范围、期限和依据)、规划指标、需求预测、资源潜力评估、能源系统、智慧管控和综合评估;图件宜涵盖城区能耗强度图、可再生能源应用形式引导图、典型地块能源系统应用形式引导图、能源智慧管控应用系统引导图等,以及必要的说明书、基础资料汇编和必要的研究报告。

【本条评价方法】

规划设计评价:查阅城区的能源资源调查与评估资料、能源综合利用相关规划及图纸。

实施运管评价:查阅能源利用措施和指标落实情况评估报告及相关能源利用发展规划文件等,并现场核查。

7.1.2 本条适用于规划设计、实施运管评价。

绿色生态城区应鼓励人们绿色、低碳出行。因此,城区应遵循上位规划,以低能耗、低污染、低排放为目标,分析本区内的交通需求与交通特征,对如何降低交通碳排放与提高绿色交通出行提出指导性措施及总体控制规定。城区绿色低碳交通专项规划应包括道路交通系统规划、公共交通系统规划、慢行交通系统规划、停车设施规划、新能源交通及充电设施等相关内容。评价时,若综合交通规划已包含绿色交通相关内容,可对其中的绿色交通内容进行评价;若综合交通规划无绿色低碳交通相关内容,需单独编制绿色低碳交通专项规划。

【本条评价方法】

规划设计评价:查阅绿色交通相关规划文件及图纸。

实施运管评价:查阅相关措施与指标的情况评估报告等,并现场核实。

7.1.3 本条适用于规划设计、实施运管评价。

绿色建筑专项规划应依据相关法规、上位规划和城建领域碳达峰碳中和相关工作,在充分调查研究的基础上,结合城区内气候、环境、能源、经济及产业文化发展等特点,根据不同地块的建筑类型、发展目标、功能定位等因素,合理确定城区内绿色建筑总体发展目标、发展定位、技术路线和规划控制要求等。

【本条评价方法】

规划设计评价:查阅绿色建筑相关规划文件及图纸。

实施运管评价:查阅相关措施及指标的落实情况评估报告

等,并现场核查。

7.1.4 本条适用于规划设计、实施运管评价。

水资源综合利用规划主要包括水资源现状分析、城市水资源节约相关技术措施、非传统水源利用、低影响开发等内容。具体编制可参照但不限于以下内容:

(1)项目概况:应明确编制背景、规划范围及期限、规划目标、规划内容、技术路线及依据等。

(2)现状及相关规划解读:对城区的气象资料、地质条件、水资源和水环境概况、市政给排水状况、城区建设进度进行梳理,并对上位规划及相关规划进行解读。

(3)用水需求分析:基于国家及当地的城市节水要求,合理确定用水量标准,编制规划区的用水量计算表。

(4)节水方案:按城市给水系统、污水收集排放系统、雨水排水系统、节水型器具使用、供水管网漏损控制等几个方面,分别提出基于绿色生态城区建设的、以水资源节约和水环境保护为目标的规划措施。

(5)非传统水源利用方案:对规划区雨水、河道水等非传统水资源利用方案进行技术经济可行性分析,进行水量平衡计算,确定是否进行雨水、河道水回用,如果采取上述规划措施,则应明确提出规划方案,包括确定利用形式、规模及设施布局,并计算非传统水源利用率。

(6)低影响开发实施方案:对道路、建筑小区、公园等不同区域采用的低影响开发技术措施进行规划布局,明确其技术类型、应用规模等内容。

固体废物资源化利用规划是指在城区规划范围内,结合上位规划,在适宜于当地环境和资源约束条件的前提下,对城区内的固体废物进行综合利用,使之成为二次资源。绿色生态城区的固体废物资源化利用形式包括但不限于生活垃圾资源化利用、建筑垃圾资源化利用、污泥资源化利用等。固体废物资源化利用规划方案具体编制可参照但不限于以下内容：

（1）项目概况：应明确编制背景、规划范围及期限、规划目标、规划内容、技术路线及依据等。

（2）现状分析：对城区及所在区的固体废物的收集方式、分类情况及处理方式、固体废弃物设施情况进行分析，并了解固体废弃物利用的相关政策。

（3）固体废物分类收集：对城区内不同的地块分别提出相应的分类收集策略。

（4）生活垃圾资源化利用：生活垃圾产量预测、生活垃圾收集设施布局要求、不同类型生活垃圾资源化利用方案等。

（5）建筑垃圾资源化利用：建筑垃圾产量预测、不同类型建筑垃圾资源化利用方案，应合理布局建筑垃圾收集点和资源化利用站点，阐明资源化利用工艺，并明确建设工程的施工单位应落实相关规划要求等。

（6）污泥资源化利用：河道污泥、通沟污泥、自来水厂污泥、污水处理厂污泥的产量预测，污泥资源化利用方案，包括污泥资源化利用站点布局、资源化利用工艺、应用对象及工程等。

【本条评价方法】

规划设计评价：查阅城区水资源综合利用规划方案及相关图纸，城区或所在行政区固体废物资源化利用方案及相关图纸、生活垃圾、建筑垃圾、污泥资源化利用实施规划方案、管理办法等文件。

实施运管评价：查阅城区水资源利用措施及指标落实情况评估报告等，固体废物资源化利用措施及指标落实情况评估报告等，并现场核查。

7.2 评分项

Ⅰ 区域能源

7.2.1 本条适用于规划设计、实施运管评价。

《科技支撑碳达峰碳中和实施方案(2022—2030年)》和《关于推进本市新建建筑可再生能源应用的实施意见》(沪建建材联〔2022〕679号)指出优化建筑用能结构,大力推动新建建筑可再生能源应用,是推进城乡建设领域碳达峰的有力支撑。

本条中可再生能源包括风能、太阳能、生物质能、地热能、海洋能,以及空气源热泵热水及采暖工况(参考现行国家标准《建筑节能与可再生能源利用通用规范》GB 55015),且只包括城区范围内安装和利用的可再生能源,不包括外电网中所包含的可再生能源贡献。

对城区进行可再生能源规划,必须先勘查和评估所在区的资源情况,包括太阳能辐射量、地热能资源、风力资源量,并分析计算城区内可利用的资源量,如可利用的屋顶面积、可利用的太阳能辐射资源量等,并基于资源评估、能源供需规律等,确定合理的可再生能源综合利用规划。可再生能源替代率是指城区可再生能源利用总量与城区一次能源消耗总量之比。

【本条评价方法】

规划设计评价:查阅城区可再生能源调查与评估资料(包括太阳能辐射量、风力资源量、地热能资源,并分析计算城区内可利用的资源量,如可利用的屋顶面积、可利用的太阳能辐射资源量等)、能源综合利用规划(应包括各类可再生能源的利用形式及规模,并绘制可再生能源利用规划布局图)等材料。

实施运管评价:查阅城区的可再生能源利用实施评估报告、相关可再生能源管理文件,并抽查可再生能源利用情况。

7.2.2 本条适用于规划设计、实施运管评价。

合理高效利用余热废热资源,可以减少能源浪费,提高能源利用效率,同时降低环境污染,对于推动城区的可持续发展具有重要意义。主要采用形式如下:

一是采用周边余热、废热,组成能源梯级利用系统,如对于有稳定热需求的项目(住宅、酒店或工厂)而言,且在靠近热电厂、工厂、城市污染等余热、废热丰富的地区,鼓励规模化利用其余热废热作为生活热水或供暖系统的热源或预热源,以降低能源消耗,同时也提高生活热水系统的用能效率。

二是采用以供冷、供热为主的燃气三联供系统,需从负荷预测、系统配置、运行模式、经济和环保效益等多方面对方案进行可行性分析,系统设计满足相关标准的要求,且达到《上海市天然气分布式供能系统发展专项扶持办法》(沪发改规范〔2020〕14 号)中第二档的要求,即能源综合利用效率大于等于 75%,年利用小时数大于或等于 2 500 h,引导系统高效运转。

【本条评价方法】

规划设计评价:查阅能源综合利用规划、区域能源系统及余热废热利用系统(或天然气热电冷联供系统)可行性分析报告、设计方案及相关的图纸文件,查阅区域能源系统的应用范围、规模、系统配置、管网路由、系统效率等。

实施运管评价:查阅相关区域能源系统的运行记录、运行评估报告等,并现场核实。

7.2.3 本条适用于规划设计、实施运管评价。

根据《关于推进电力源网荷储一体化和多能互补发展的指导意见》(发改能源规〔2021〕280 号)、《电力需求侧管理办法》(发改运行规〔2023〕1283 号)、《电力负荷管理办法》(发改运行规〔2023〕1261 号)等要求,深入挖掘本市绿色生态城区分散可调节负荷的资源潜力,提升能源清洁利用水平和电力系统运行效率,健全完善源网荷储高效互动的新型电力系统,鼓励城区因地制宜地推进虚拟电厂建设。

本条所指的虚拟电厂是以需求响应、储能、V2G 为核心,其资源分类包括空调柔性调控、数据中心柴发、电力储能、电动汽车 V2G 等。作为新型事务,制定城区虚拟电厂顶层实施方案,倡导虚拟电厂运营商、负荷聚合商、综合能源服务商等创新商业模式,对不小于 1 万 m² 的公共建筑实施需求侧响应具有重要意义。

$$\text{大型公共建筑自动} \atop \text{需求响应比例}(\%) = \frac{\text{自动需求响应大型公共建筑楼栋数}}{\text{城区大型公共建筑楼栋数}} \times 100\%$$

【本条评价方法】

规划设计评价:查阅城区综合能源规划、虚拟电厂规划方案等相关文件。

实施运管评价:查阅城区虚拟电厂建设方案及指标落实情况评估报告,并现场核查。

7.2.4 本条适用于规划设计、实施运管评价。

城区内除了建筑的能源消耗外,市政公用设施系统包括市政给排水的水泵(市政给水泵、污水泵、雨水泵等)及相关设备、交通信号灯、道路照明、景观照明等。目前市场上有很多可再生能源产品和节能产品,如太阳能路灯、LED灯具、节能型水泵等,绿色生态城区应鼓励采用高效节能的系统和设备。对于行业内有能效标识的产品,应采用节能等级的产品。

本市住房和城乡建设管理委员会、发展和改革委员会出台的《上海市城乡建设领域碳达峰实施方案》提出,到2030年城市道路照明使用高效照明灯具占比超过90%。考虑到更新城区多约束的特点,故对其采用高效系统和设备的比例作了适当降低。

【本条评价方法】

规划设计评价:查阅能源综合利用规划及相关的图纸文件。

实施运管评价:现场核实,并抽查市政公用设施系统和设备的性能。

Ⅱ　绿色交通

7.2.5 本条适用于规划设计、实施运管评价。

城区道路系统的路线设计符合城市规划,并结合地形、地物,对工程地质、水文地质、气象气候、生态环境、自然景观等进行调查,合理确定路线线位和平纵线形技术指标。同时,道路规划坚持以以人为本、资源节约、环境友好为设计原则,降低道路工程对沿线生态环境以及资源的影响。

机动车道、非机动车道、人行道等通行空间应合理规划与布局,各类道路在断面宽度、通行连续性上满足人、车出行的基本需求,保障城区交通安全、畅通运行,同时维护各出行主体的通行权。《上海市综合交通"十四五"规划》和《上海市道路运输行业"十四五"发展规划》提出保障交通通行空间要求,关注各道路的通行权。绿色生态城区在各级道路断面宽度及连续性规划时,应满足现行上海市工程建设规范《城市道路设计规程》DGJ 08—2016、现行行业标准《城市道路工程设计规范》CJJ 37、现行国家标准《城市综合交通体系规划标准》GB/T 51328、现行国家标准《城市道路交通工程项目规范》GB 55011中有关道路宽度、道路交叉设计等要求,保障各级道路通行权,营造安全、舒适出行环境。

【本条评价方法】

规划设计评价:查阅相关规划文件及图纸。

实施运管评价:在规划设计评价方法之外,还应现场核实。

7.2.6 本条适用于规划设计、实施运管评价。

第1款中轨道交通站点、公交站点覆盖率是保证公共交通出行的基础条件,公共交通的便捷、舒适可以提高居民选乘公共交通的意愿。《上海市城市总体规划(2017—2035年)》中要求构建城际线、市区线、局域线等多层次的轨道交通网络,并提出到2035年中心城轨道交通站点600 m用地覆盖率达到60%;《上海市新城规划建设导则》中提出,公交站点300 m、500 m覆盖率分别达到70%和100%;《"十四五"新城交通发展专项方案》中提出,到"十四五"末,各新城建成区公交站点500 m服务半径基本全覆盖。轨道交通站点覆盖率符合《上海市控制性详细规划技术准则》(2016年修订版)的规定,轨道交通站点覆盖率可按下式计算,式中服务半径为空间距离:

$$
\begin{array}{l}
\text{轨道交通站点} \\
\text{600 m(公交站} \\
\text{点 500 m)用地} \\
\text{覆盖率(\%)}
\end{array}
=
\dfrac{
\begin{array}{c}
\text{轨道交通站点 600 m(公交站点 500 m)} \\
\text{服务半径覆盖面积(m}^2\text{)}
\end{array}
}{\text{城区建设用地面积(m}^2\text{)}}
\times 100\%
$$

第 2 款根据现行上海市工程建设规范《城市居住地区和居住区公共服务设施设置标准》DG/TJ 08—55 规定,绿色生态城区应结合已规划或设置的轨道交通站点,在其周边合理设置公交站、非机动车停车场、公共自行车租赁点、出租车候客泊位等接驳换乘设施,且距离不宜大于 150 m。

第 3 款中对新能源公交车的要求,是基于国家和本市的相关政策而作出的规定。国家发布开展新能源汽车推广的有关文件,以推动节能和新能源等环保型公交车的发展;2019 年,上海宣布全面推进新一轮清洁空气行动计划,新投入使用的公交车全部采用新能源汽车。《上海市道路运输行业"十四五"发展规划》显示,"十四五"期间,上海新能源公交车辆比例将达到 96%。因此,绿色生态城区应率先采用新能源公交车,且达到高标准要求。

第 4 款中人性化的服务设施包括导向设施、无障碍通道、遮阳设施、座椅等。城市道路无障碍设计应参照现行国家标准《建筑与市政工程无障碍通用规范》GB 55019 中的"城市道路"内容进行规划设计;道路其他相关的服务设施应满足现行行业标准《城镇道路路面设计规范》CJJ 169、现行国家标准《城市综合交通体系规划标准》GB/T 51328 的要求。《上海市交通发展白皮书(2022 版)》提出了打造更高品质的人民满意交通,完善公共交通、出租汽车等交通工具的无障碍设施,提升老年人、残疾人交通出行体验。

【本条评价方法】

规划设计评价:查阅相关规划文件及图纸。

实施运管评价:在规划设计评价方法之外,还应现场核实。

7.2.7 本条适用于规划设计、实施运管评价。

第 1 款,绿色生态城区应合理配置共享自行车停车设置,其投放数量、位置、车辆技术性能和管理要求等内容应符合《上海市非机动车安全管理条例》的相关要求,并鼓励采用新技术进行共享自行车的高效智慧管理。

第 2 款,P+R 停车场指设置区域包含轨道交通站点和公交首末站,即设置在轨道交通站点和公交首末站 150 m 以内,方便居民上、下班换乘出行的停车场。停车场应与场地功能布局相结合,合理组织交通流线,不对行人及活动空间产生干扰。绿色生态城区应重点支持停车矛盾突出的住宅小区、医院、学校等及周边公共停车设施、大型综合交通枢纽、城市轨道交通外围站点等公共停车设施建设。

第 3 款,公共停车场应合理选择机械式停车库、立体停车库等集约用地的停车形式,具体设计与建造应符合相关标准等规定。地下及立体停车库的设计与建设应符合现行行业标准《车库建筑设计规范》JGJ 100、《城市道路公共交通站、场、厂工程设计规范》CJJ/T 15 等规定,以保障设计坡度、停车面积等方面内容的合理性。

计算公式如下:

$$\text{公共停车场采用机械式停车、地下停车或立体停车等集约停车方式的比例}(\%) = \frac{\text{采用机械式停车、地下停车、立体停车等一种或多种方式的停车位数量(辆)}}{\text{公共停车场停车数量(辆)}} \times 100\%$$

第 4 款中充电设施的合理布局对于促进绿色出行,减少环境污染具有重要意义。《上海市公共停车场(库)充电设施建设管理办法》(沪交行规〔2023〕1 号)规定"新(改、扩)建公共停车场(库)应当按照'一类地区具备充电功能的停车位不少于总停车位 15%、二类地区具备充电功能的停车位不少于总停车位 12%、三类地区具备充电功能的停车位不少于总停车位 10％'标准配建充电设施;其中快充停车位占比应当不少于总充电停车位的 30％",绿色生态城区应结合要求落实本市充电设施有关专项规划,加快新能源充电设施建设布局;分类、分区推进住宅小区、办公场所、公共服务区域充电设施建设。

【本条评价方法】

规划设计评价:查阅控制性详细规划、绿色交通专项规划等相关文件。

实施运管评价:查阅相关管理措施、文件等,并现场核实。

Ⅲ 绿色建筑

7.2.8 本条适用于规划设计、实施运管评价。

第 1 款,《"十四五"建筑节能与绿色建筑发展规划》(建标〔2022〕24 号)提出:到 2025 年,城镇新建建筑全面建成绿色建筑,全面建设绿色建筑是绿色生态城区的基本面。《上海市绿色建筑"十四五"规划》指出:国家机关办公建筑、大型公共建筑以及其他 5 000 m² 以上政府投资项目应当按照绿色建筑二星级及以上标准建设;超高层建筑和五个新城内新建大型公共建筑执行三星级绿色建筑标准。因此,城区新建建筑全面落实上位规划的相关要求和《上海市绿色建筑管理办法》的绿色建筑设计、验收、运营全过程的具体行动,是绿色生态城区的重要措施之一;同时,国内外一些新的绿色生态体系逐渐涌现,如健康建筑等相关标准,绿色生态城区鼓励新建建筑积极按照这些标准要求来执行。

第 2 款,国内外一些新的绿色生态体系逐渐涌现,如健康建筑、智慧建筑等,绿色生态城区鼓励新建建筑积极执行国内健康建筑、智慧建筑等相关标准。

第 3 款,为推进绿色生态城区建筑工业化、数字化、智能化升级,加快建造方式转变,推动建筑业高质量发展,鼓励城区积极采用智能建造和建筑工业化协同技术。本条所涉及的智能建造是指在建筑全生命周期中,综合运用信息化、自动化、智能化等新兴技术手段,实现工程安全、品质提升、降本增效、绿色低碳的新一代建造模式。建筑工业化,指通过现代化的制造、运输、安装和科学管理的生产方式,来代替传统建筑业中分散的、低水平的、低效率的手工业生产方式,其主要标志是建筑设计标准化、构配件生产工厂化,施工机械化和组织管理科学化。

【本条评价方法】

规划设计评价:查阅控制性详细规划、绿色建筑专项规划、建筑工业化设计专项、BIM 应用专项等相关文件。

实施运管评价:查阅相关规划许可、项目前置条件、绿色建筑证书、验收报告等相关内容,并现场核实。

7.2.9 本条适用于规划设计、实施运管评价,对于不涉及改造建筑的城区,本条不得分。

城区既有建筑的建造时间相对较早,往往未执行节能或绿色建筑相关标准,其能源资源消耗水平较高。因此,绿色生态城区鼓励既有建筑结合建筑功能更新、改造、装修等实施绿色节能改造,可有效降低其能源及资源消耗,提升室内环境质量。

《上海市城乡建设领域碳达峰实施方案》(沪建建材联〔2022〕545 号)指出,到 2030 年,城乡建设领域碳排放达到峰值,累计完成既有建筑节能改造 8 000 万 m^2。《关于规模化推进本市既有公共建筑节能改造的实施意见》(沪建建材〔2022〕681 号)指出,"上海市开展装饰装修工程同步实施的节能改造,应按照《上海市建筑装饰装修工程管理实施办法》,纳入本市工程建设审批管理流程"。绿色生态城区内的既有建筑宜结合项目特点,积极执行国家及上海市相关标准细则,对项目开展绿色更新改造。因此,对既有建筑绿色改造项目的数量进行引导,保障城区内建筑的整体绿色性能。

【本条评价方法】

规划设计评价:查阅控制性详细规划、建筑绿色节能改造专项规划等相关文件。

实施运管评价:查阅相关竣工图纸、标识证书,并现场核实。

7.2.10 本条适用于规划设计、实施运管评价。

本条所指的超低能耗建筑、近零能耗建筑是指满足《上海市超低能耗建筑技术导则(试行)》和现行国家标准《近零能耗建筑技术标准》GB/T 51350 要求的建筑,包括超低能耗建筑、近零能耗建筑及零能耗建筑三种类型。

超低能耗建筑、近零能耗建筑普遍认为是城建领域迈向碳中和目标的重要途径。住建部《城乡建设领域碳达峰实施方案》提出推动低碳建筑规模化发展,鼓励近零能耗建筑建设。《上海市碳达峰实施方案》也提出了推广先进低碳建筑技术示范,"十四五"期间累计落实超低能耗建筑示范项目不少于 800 万 m^2,到 2025 年,五个新城、临港新片区、长三角生态绿色一体化发展示范区等重点区域在开展规模化超低能耗建筑示范的基础上,全面执行超低能耗建筑标准;"十五五"期间,全市新建居住建筑执行超低能耗进展标准的比例达到 50%,规模化推进新建公共建筑执行超低能耗建筑标准;到 2030 年,全市新建民用建筑全面执行超低能耗建筑标准。

【本条评价方法】

规划设计评价:查阅城区超低能耗建筑、近零能耗建筑相关规划目标、规划布局图、项目清单表等。

实施运管评价:查阅城区近零能耗建筑、零碳建筑的相关标识证书等材料,并现场核实。

Ⅳ 水资源利用

7.2.11 本条适用于规划设计、实施运管评价。

第 1 款,本条对城区供水管网提出要求。供水管网除出厂水量计量和用户用水计量外,根据管网特点和管理要求进行分区管理和压力调控,并配置相应的计量和监测设备,将大面积的管网系统划分为数量众多的独立计量区,更加有效节水及控制漏损。

第2款,本条旨在通过采用先进的供水管网管理技术,降低供水管网漏损,减少水资源浪费。国家发改委、水利部联合印发了《国家节水行动方案》(发改环资规〔2019〕695号)中提出加强大数据、人工智能、区块链等新一代信息技术与节水技术、管理及产品的深度融合。《上海市节水型社会(城市)建设"十四五"规划》(沪水务〔2022〕280号)提出完善推进节水市场机制建设,在城市公共供水管网漏损治理等领域推广合同节水管理,重点推进"合同节水+智慧节水"建设工作。《上海市迎接国家节水型城市复查工作实施方案》(沪水务〔2023〕281号)提出推进智能化供水节水管理,建立城市供水节水数字化管理平台,能够支持节水统计、计划用水和超定额管理。

【本条评价方法】

规划设计评价:查阅供水规划、水资源综合利用规划等相关文件。

实施运管评价:查阅用水量计量分析报告、用水管理情况报告及相关文件。

7.2.12 本条适用于规划设计、实施运管评价。

本条旨在通过非传统水源利用,在节约水资源的同时减少环境污染。非传统水源包括再生水、雨水、海水等。《上海市加快实施最严格水资源管理制度试点方案》(沪府发〔2014〕1号)提出"推进河道水和非传统水资源利用"。上海市鼓励河道水的开发利用,鼓励在有条件的区域,建设经适当处理后符合杂用水水质要求的河道水取用工程及河道水直接取用装置,对河水处理达到相关标准后用于绿化灌溉和道路冲洗等。因此,当城区临近河道时,在获得水务及河道等管理部门批准的前提下,可采用河道水作为非传统水源。取用河道水应计量,河道水的取水量应符合有关部门的许可规定,不应破坏生态平衡。2021年国家发布《区域再生水循环利用试点实施方案》(环办水体〔2021〕28号)提出城市绿化、道路清扫、车辆冲洗、建筑施工、景观环境用水等应当优先使用再生水。《上海市推进污水资源化利用实施方案》(沪发改环资〔2022〕6号)提出开展污水资源化利用试点示范,重点统筹水务、经信、绿化市容等行业,实施污水厂达标尾水就近用于绿化浇洒、公园湿地、工业冷却等。

非传统水源利用率是指采用雨水、再生水、海水、河道水等水源代替市政自来水供给景观、绿化、道路冲洗等杂用水使用的水量占总用水量的百分比。非传统水源利用率可通过下列公式计算:

$$R_u = \frac{W_u}{W_t} \times 100\%$$

$$W_u = W_r + W_z + W_s + W_o$$

式中,R_u——非传统水源利用率(%);

W_u——非传统水源使用量(m^3/a);

W_r——雨水利用量(m^3/a);

W_z——再生水利用量(m^3/a);

W_s——海水利用量(m^3/a);

W_o——河道水等其他非传统水源利用量(m^3/a);

W_t——用水总量(m^3/a)。

【本条评价方法】

规划设计评价:查阅水资源综合利用规划。

实施运管评价:查阅用水现状调研、评估和发展规划报告,现场核查相关非传统水源利用相关的台账及其他证明文件。

V 固废和材料利用

7.2.13 本条适用于规划设计、实施运管评价。

第1款,上海市绿化和市容管理局等11个部门联合印发了《关于进一步优化补强本市固废、污水处置能力的实施方案》(沪绿容〔2022〕52 号），提出到 2025 年，全面建成生活垃圾全程分类体系，分类处理能力和资源化利用水平大幅提高，生活垃圾资源化利用率达到 80％以上。《上海市"无废城市"建设工作方案》（沪府办发〔2023〕2 号）提出到 2025 年，全市实现原生生活垃圾、城镇污水厂污泥零填埋；到 2030 年，全市固废资源化利用充分，实现固废近零填埋。绿色生态城区应通过推进生活垃圾全程分类体系建设，提升生活垃圾资源化利用水平。

第 2 款，《上海市建筑垃圾处理管理规定》（沪府令 57 号）提出建筑垃圾包括建设工程垃圾和装修垃圾，建筑垃圾处理实行减量化、资源化、无害化和"谁产生、谁承担处理责任"的原则。国家发改委印发《关于"十四五"大宗固体废弃物综合利用的指导意见》（发改环资〔2021〕381 号）提出，鼓励绿色建筑使用以煤矸石、粉煤灰、工业副产石膏、建筑垃圾等大宗固废为原料的新型墙体材料、装饰装修材料。《上海市"无废城市"建设工作方案》（沪府办发〔2023〕2 号）提出，到 2025 年全市拆房和装修垃圾资源化处理率达到 75％左右，全市建筑垃圾资源化利用率达到 93％左右。绿色生态城区应鼓励优先使用建筑垃圾资源化利用产品，提升建筑垃圾资源化利用水平。

【本条评价方法】

规划设计评价：查阅城区或所在行政区固体废弃物资源化利用规划方案。

实施运管评价：查阅城区或所在行政区固体废物资源化利用实施情况评估报告、资源化利用方案及计算报告，审查生活垃圾和建筑垃圾的资源化利用目标完成情况、应用工程项目清单及相关设施的运行情况，审查污泥无害化处置方案、目标完成情况及相关设施的运行日志，并现场核查。

7.2.14 本条适用于规划设计、实施运管评价。

第 1 款，《上海市绿色建筑管理办法》（沪府令 57 号）提出推广使用绿色建材，逐步提高绿色建材在绿色建筑中的使用比例，政府投资的建设工程项目应当优先使用绿色建材。上海市住房和城乡建设管理委员会《关于在本市民用和工业建筑中进一步加快绿色低碳建材推广应用的通知(试行)》(沪建建材〔2022〕312号)提出2023年1月1日起,取得施工许可的政府(国企)投资的民用和工业建筑项目,应在预拌混凝土材料、混凝土预制构件、蒸压加气混凝土砌块(板)、预拌砂浆和建筑涂料等方面全面使用绿色低碳建材。2023年4月1日起,取得施工许可的政府(国企)投资的民用和工业建筑项目,应在防水卷材、防水涂料、建筑玻璃、管道等方面全面使用绿色低碳建材。绿色生态城区内建设项目应率先使用绿色建材。

第2款,国家发改委《关于"十四五"大宗固体废弃物综合利用的指导意见》(发改环资〔2021〕381号)提出鼓励建筑垃圾再生骨料及制品在建筑工程和道路工程中的应用,以及将建筑垃圾用于土方平衡、林业用土、环境治理、烧结制品及回填等,不断提高利用质量、扩大资源化利用规模。交通运输部《绿色交通"十四五"发展规划》(交规划发〔2021〕104号)提出推进交通资源循环利用,推广交通基础设施废旧材料、设施设备、施工材料等综合利用,鼓励废旧轮胎、工业固废、建筑废弃物在交通建设领域的规模化应用。绿色生态城区鼓励建筑垃圾再生骨料及制品在市政基础设施工程中的应用。

第3款,国家发改委《"十四五"循环经济发展规划》(发改环资〔2021〕969号)提出加强资源综合利用,进一步拓宽粉煤灰、煤矸石、冶金渣、工业副产石膏、建筑垃圾等大宗固废综合利用渠道,扩大在生态修复、绿色开采、绿色建材、交通工程等领域的利用规模。《上海市资源节约和循环经济发展"十四五"规划》(沪府办发〔2022〕6号)提出提升固废资源化利用水平,推动冶炼废渣、脱硫石膏、粉煤灰、焚烧灰渣等大宗工业固废的高水平利用。加大再生建材推广应用力度,鼓励在道路、雨污分流、河道整治等市政建设项目中率先使用。绿色生态城区鼓励其他绿色低碳环保材料产品利用,促进绿色建材和环保材料的多样化、高水平利用。

【本条评价方法】

规划设计评价:查阅城区绿色建材和环保材料利用规划设计方案等。

实施运管评价:查阅城区绿色建材应用重点项目列表、绿色建材应用比例计算书、绿色建材管理办法等,审查城区市政基础设施工程环保材料应用方案、应用重点项目列表及其他绿色低碳环保材料应用比例计算书,并现场核查。

Ⅵ 碳排放

7.2.15 本条适用于规划设计、实施运管评价。

《上海市碳达峰实施方案》(沪府发〔2022〕7号)提出到2025年,单位生产总值能源消耗比2020年下降14%,单位生产总值二氧化碳排放确保完成国家下达指标;到2030年,单位生产总值二氧化碳排放比2005年下降70%,确保2030年前实现碳达峰。2021年,《上海市低碳示范创建工作方案》(沪环气〔2021〕182号)提出低碳发展实践区(近零碳排放实践区)、低碳社区(近零碳排放社区)的创建要求,明确创建期满后低碳发展实践区碳排放强度应低于全市平均水平或较创建基期下降20%以上,近零碳排放实践区的碳排放强度应达到全市同类区域的先进水平或低于创建基期的50%以上;低碳社区创建期满后人均碳排放强度低于全市平均水平或创建基期的10%以上(新建社区须较基准情景下降20%以上);近零碳排放社区人均碳排放强度应达到全市先进水平或低于创建基期的40%以上。

在大力推动碳减排的社会背景下,绿色生态城区制定切合实际情况的减碳目标非常重要,本标准控制项第7.1.1条对城区制定减排目标和实施方案作了相应的要求。本条通过对新城区和更新城区碳减排目标的计算和分析,研判城区是否到达相应的减排目标。

【本条评价方法】

规划设计评价：查阅城区碳排放核算报告及实施方案，重点审查城区碳减排目标、碳减排实施措施等。

实施运管评价：查阅城区碳排放核查报告、重点项目年度碳排放核查报告等文件。

8 经济活力

8.1 控制项

8.1.1 本条适用于规划设计、实施运管评价。

高质量发展阶段的绿色生态城区应大力提高自身发展的绿色可持续发展水平。《上海市城市总体规划（2016—2040）》提出"产业布局与引入应结合城市用地结构优化和用地绩效提升要求，提高产业安全、环保、能耗、土地、产出效益等准入标准，限止高污染、高能耗、低附加值的产业或企业进入"。城区应通过制定专项的产业发展政策及相关规划，协调产业发展过程中社会经济及资源环境的冲突，降低产品市场、要素市场不确定性所带来的风险。

绿色生态城区应结合区域发展情况提出绿色低碳发展目标，加快能源结构调整和产业迭代升级。双碳发展对城区发展过程中的碳排放进行有效管理，绿色发展的目标则是逐步实现社会经济发展与资源环境依赖的逐步脱钩。专项规划应结合上海市相关政策及自身特点，分析产业与经济发展的优劣势，发展现状与潜力，制定适合城区发展资源的产业发展专项规划，明确城区的产业发展定位、产业发展类型和产业发展重点，构建符合上海市特色的绿色产业体系，制定产业引入、退出机制等相关政策。

对新建城区，本条要求编制产业发展专项规划；对于更新城区，本条要求提供产业调整或业态分析相关报告文件。

【本条评价方法】

规划设计评价：查阅城区或所在行政区关于产业发展专项规划及相关说明文件，如没有，则需查阅相关上位规划及文件。

实施运管评价：查阅城区或所在行政区年度经济运行报告。年度经济运行报告主要包括城区近一年的经济运行指标、经济运行态势等内容。

8.1.2 本条适用于规划设计、实施运管评价。

绿色产业可持续发展是推动生态文明建设与城市绿色低碳发展的基础。生态农业是在生态学和经济学原理指导下，通过优化农业生产技术，使农业生产与资源保护、环境增值相结合，实现最优农业综合效益的现代可持续农业生产体系。通过激励政策引导农业生产结合现代科学成果稳步发展，实现农业经济效益、生态效率与社会效益的均衡协调，促进生态保护和农业资源可持续利用。

循环经济是工业可持续发展的重要路径。在工业生产过程中依靠科学技术的支撑，将资源减量使用、污染减量排放以及工业生产中再利用与再循环融为一体，进而实现经济效益的有效提升。循环工业以"减量化、再利用、资源化"为原则，以"低消耗、低排放、高效率"为基本特征，符合可持续发展理念的经济发展模式。发展循环经济是上海的一项重大战略决策，通过激励政策引导工业绿色可持续发展，是落实生态文明建设战略部署的重大举措，是加快转变经济发展方式，建设资源节约型、环境友好型社会的必然选择。

服务业可持续发展在经济持续高速增长过程中相对滞后，是影响整体经济发展质量的严重短板，阻碍了服务业规模与效率提升。技术密集型产业、高技术服务业是提升城区可持续发展水平的重要力量。知识密集型服务业具有高知识度、高互动度和高创新度的特点，提供的是以知识为基础的中间产品和服务。高技术服务业是指依靠高技术和高知识人才，从高技术制造业价值链上延伸形成的高端服务新业态，在高 R&D 投入和高专利申请活动基础上，提供高质量、高技术含量和高附加值服务的新兴服务业。

本条要求城区制定有利于经济可持续发展的激励政策，对绿色可持续发展的重大项目和技术开发、产业化示范项目,给予直接投资或资金补助、贷款贴息等支持;各类金融机构应对促进绿色可持续发展的重点项目给予金融支持;鼓励构建绿色可持续发展的产业链,推进企业间、行业间、产业间共生耦合。

【本条评价方法】

规划设计评价:查阅城区或所在行政区制定的有利于农业、工业、服务业绿色可持续发展的产业政策和经济政策。

实施运管评价:查阅城区或所在行政区关于农业、工业、服务业可持续发展的情况评估报告,报告中可包括城区生态农业、循环经济、知识密集型服务业、高技术服务业等产业的社会环境经济效益情况。

8.1.3 本条适用于实施运管评价。若城区无工业项目,且无工业废气、废水,本条文直接达标。

工业废气、废水达标排放,危险固体废物全部进行无害化处理处置,是守住生态环境保护底线的基本要求。因此,绿色生态城区内工业废气废水应符合现行国家和上海市废气、废水排放相关标准。

【本条评价方法】

实施运管评价:查阅城区工业企业废水、废气信息目录和检测报告等。

8.1.4 本条适用于规划设计、实施运管评价。

公共文化设施指各级人民政府及其文化行政等部门或者社会力量向社区居民提供的公共文化设施和公益性文化服务活动,主要包括图书馆、博物馆、文化馆(站)、美术馆、科技馆、纪念馆、体育场馆、文化宫、青少年活动中心、妇女儿童活动中心、老年人活动中心、社区(街/镇)文化活动中心。

《国家新型城镇化规划(2014—2020年)》中提出推动新型城镇建设需注重人文城市的建设。逐步免费开放公共服务设施是人文城市建设重点之一,让所有居民都能够享用到各类公共服务设施,体现政府对居民的人文关怀。2016 年颁布的《中华人民共和国公共文化服务保障法》,以法律形式保障了公共文化服务标准化、均等化、专业化发展的要求。2012 年通过《上海市社区公共文化服务规定》,其中第十九条提出社区公共文化设施内按照国家规定设置的基本公共文化服务项目,应当免费向公众开放。除国家规定的基本公共文化服务项目外,社区公共文化设施内设置的其他文化服务项目可以适当收取费用,收费项目和标准应当经政府有关部门批准,并向公众公示。2020 年出台了地方法规《上海市公共文化服务保障与促进条例》,第八条明确本市公共文化服务供给以免费或者优惠为原则,推进基本公共文化服务均等化、普惠化、便捷化。

免费开放有多种形式:一是指公共空间设施场地的免费开放;二是指与其职能相适应的基本公共文化服务项目免费提供。公共文化设施免费开放可以采取各种形式,如完全免费、每周指定时间免费、对指定年龄段人群免费等不同形式。以上任意一种形式的免费开放均可。

【本条评价方法】

规划设计评价:查阅公共文化设施规划设计文件,要求其技术方案应立足免费开放的运营模式特点有充分的考虑,提出适宜针对性的技术策略。

实施运管评价:查阅城区内社区公共文化设施目录、设施免费开放相关管理文件、免费开放使用情况报告,审查各社区公共文化设施免费开放场地或服务的开放时段和适用对象等内容,并现场核查。

8.2 评分项

I 产业发展

8.2.1 本条适用于规划设计、实施运管评价。

为进一步推进上海市产业能效提升、产业结构提升，上海市编制发布了《上海市产业用地指南》《上海市产业能效指南》，结合上海产业发展实际，确定产业用地固定资产投资强度、土地产出率的控制值和推荐值，遴选出重点产品的国际国内标杆值、准入值、能效评价合理值和先进值等。本条通过固定资产投资强度、土地产出率、工业单位产品综合能耗、建筑业态单位建筑年综合能耗等指标引导城区产业准入与退出。

第 1 款，产业用地投资强度一般用固定资产投资强度指标来衡量。固定资产投资强度指项目用地范围内单位土地面积上的固定资产投资额，反映单位土地上项目固定资产投资情况，是衡量土地投入水平的重要指标。计算公式为

$$\begin{matrix} \text{固定资产投资强度} \\ (\text{亿元}/\text{km}^2) \end{matrix} = \frac{\text{项目固定资产总投资}(\text{亿元})}{\text{项目总用地面积}(\text{km}^2)}$$

其中，项目固定资产总投资包括厂房、设备和地价款，厂房和设备的投资额按照项目建成进入正常生产时的厂房建造成本和设备购置成本计算，地价款按照土地合同约定成交金额计算。

本款要求各类产业用地的固定资产投资强度比《上海市产业用地指南》中的控制值提高幅度达到 10% 和 15%。

第 2 款，土地产出率指项目用地范围内单位土地面积上的主营业务收入，反映单位土地上项目的产出情况，是衡量土地产出水平的重要指标。计算公式为

$$\begin{matrix} \text{土地产出率} \\ (\text{亿元}/\text{km}^2) \end{matrix} = \frac{\text{项目主营业务收入}(\text{亿元})}{\text{项目总用地面积}(\text{km}^2)}$$

《上海市产业用地指南》对工业用地产业项目类、工业用地标准厂房类、研发总部产业项目类、研发总部通用类以及物流仓储用地四类设置了土地产出率的控制值和推荐值指标。

本款要求各类产业用地的土地产出率达到《上海市产业用地指南》中"工业用地产业项目类固定资产投资强度标准""仓储物

流用地土地产出率标准""工业用地标准厂房类土地产出率标准"和"研发总部通用类土地产出率标准"的控制值和推荐值的平均值要求,鼓励绿色生态城区内的产业用地达到推荐值要求,提升单位土地产出率。

第3款,工业单位产品综合能耗是指统计报告期内,用能单位生产某种产品或提供某种服务的综合能耗与同期该合格产品产量(工作量、服务量)的比值。单位产品综合能耗计算应按照现行国家标准《综合能耗计算通则》GB/T 2589中计算公式及要求进行,各种能源折标准煤参考系数采用该标准中附表。单位建筑年综合能耗是指项目全年各类能耗量与总建筑面积之比。计算公式为

$$\text{单位建筑年综合能耗} [\text{kgce}/(\text{m}^2 \cdot \text{a})] = \frac{\text{全年各项能耗总量}(\text{kgce}/\text{a})}{\text{各建筑面积}(\text{m}^2)}$$

本款要求工业产品综合能耗达到《上海市产业能效指南》中工业主要行业产品能效准入值,各建筑业态(非工业主要行业)单位建筑年综合能耗达到《上海产业能效指南》非工业主要行业能效先进值水平。

若城区内包含多种类型的产业项目,各种类型的产业项目均达到对应指标后,本条方可得分;若城区内包含多个同类型的产业项目,每个产业项目均达到该产业项目的对应指标后,方可得分。

【本条评价方法】

规划设计评价:查阅控制性详细规划、产业发展专项规划等文件,审查土地利用规划图、地块控制指标表及各类用地的固定资产投资强度控制指标。

实施运管评价:查阅城区年度经济运行报告,审查固定资产投资统计表、固定资产投资项目建设进展等,并现场核查。

8.2.2 本条适用于规划设计、实施运管评价。

区位熵用来判断一个产业是否构成地区专业化部门，其衡量某一区域要素的空间分布情况，反映某一产业部门的专业化程度，以及某一区域在高层次区域的地位和作用等方面，是一个很有意义的指标。它是产业结构、产业效率与效益分析、产业集聚的定量工具，可以分析区域优势产业的状况，是一种较为普遍的集聚识别方法。计算公式为

$$区位熵 = \frac{该地区特定部门的产值在地区总产值中所占比重}{上海该部门产值在上海总产值中的比重}$$

区位熵大于1，可以认为该产业是地区的专业化部门；区位熵越大，专业化水平越高；如果区位熵小于或等于1，则认为该产业是自给性部门。一个地区某专业化水平的具体计算，是以该部门可以用于输出部分的产值与该部门总产值之比来衡量。主导产业可以是适合上海本地的各项特色创意主题活动和产业，如发展成为较为固定的旅游或发展的产业项目或有较强竞争力的企业集群存在。

主导产业是在较长时间内支撑、带动区域经济发展的产业，因而必须是有发展前途的、代表区域发展方向的产业。

【本条评价方法】

规划设计评价：查阅产业发展专项规划，审查主导产业类型、对应产值指标等。

实施运管评价：查阅城区年度经济运行报告，审查区位熵、主导产业统计数据（产业类型、企业名称、产值等）等，并现场核查。

8.2.3 本条适用于规划设计、实施运管评价。

《上海市国民经济和社会发展》中提出上海市要主动顺应新一轮科技革命和产业变革趋势，聚焦高知识密集、高集成度、高复杂性的产业链高端与核心环节，以新一代信息技术赋能产业提质增效，加快形成战略性新兴产业引领与传统产业数字化转型相互促进、先进制造业与现代服务业深度融合的高端产业集群。为推进上海市产业转型升级，科学引导产业结构调整和产业布局优

化,本条对城区第三产业增加值占地区生产总值比重、高新技术产业增加值占地区生产总值比重、战略性新兴产业增加值占地区生产总值比重等指标进行评价测度。

第 1 款,根据现行国家标准《国民经济行业分类》GB/T 4754,第三产业包括了批发和零售业、交通运输、仓储和邮政业、住宿和餐饮业、信息传输、软件和信息技术服务业、金融业、房地产业、租赁和商务服务业、科学研究和技术服务业、水利、环境和公共设施管理业、居民服务、修理和其他服务业、教育、文化、体育和娱乐业、卫生和社会工作、公共管理、社会保障和社会组织和国际组织。增加第三产业及战略性新兴产业比重有利于促进城区产业结构优化,顺应居民生活水平提高和消费升级的需求,满足人民群众多样化、个性化、高品质的生活需求。计算公式为

$$
\text{第三产业增加值占地区生产总值比重}(\%) = \frac{\text{第三产业增加值}(\text{万元})}{\text{城区生产总值}(\text{万元})} \times 100\%
$$

第 2 款,根据《国家重点支持的高新技术领域》,我国认定的高新技术产业包括:①电子信息;②生物与新医药;③航空航天;④新材料;⑤高技术服务;⑥新能源与节能;⑦资源与环境;⑧先进制造与自动化。发展高新技术产业能够帮助创造新供给和新需求,构建竞争新优势,拓展经济发展新空间,提升我国在全球价值链中的位势和竞争力,牢牢掌握发展的话语权和主动权。计算公式为

$$
\text{高新技术产业增加值占地区生产总值比重}(\%) = \frac{\text{高新技术产业增加值}(\text{万元})}{\text{城区生产总值}(\text{万元})} \times 100\%
$$

第 3 款,根据《战略性新兴产业分类》,战略性新兴产业包括新一代信息技术产业、高端装备制造产业、新材料产业、生物产业、新能源汽车产业、新能源产业、节能环保产业、数字创意产业、相关服务业等九大领域。发展战略性新兴产业是我国抢占新一轮经济和科技发展制高点的国家战略。计算公式为

$$\dfrac{\text{战略性新兴产业增加值占}}{\text{地区生产总值比重}(\%)} = \dfrac{\text{战略性新兴产业增加值}(万元)}{\text{城区生产总值}(万元)} \times 100\%$$

第4款,根据《上海工业及生产性服务业指导目录和布局指南(2014年版)》,对"培育类"和"鼓励类"产业采用正面引导方式:"培育类"根据国内外和本市产业发展的最新趋势,列出当前重点培育和引进的"四新"经济的主要方向,旨在促进"四新"经济成为本市新一轮产业发展的重要力量;"鼓励类"突出战略性新兴产业、先进制造业、生产性服务业等的重点发展行业。由此可推进上海市创新驱动发展、经济转型升级,科学引导本市产业结构调整转型和产业合理优化布局,探索产业发展正面引导和负面清单相结合的管理方式,加快落后产能淘汰和中低端劳动密集型产业调整,培育和引进新产业、新业态、新技术、新模式,构建战略性新兴产业引领、先进制造业支撑、生产性服务业协同发展的现代产业体系。

【本条评价方法】

规划设计评价:查阅产业发展专项规划,审查产业规划布局及第三产业、高新技术产业、战略性新兴产业或地区生产总值增加值相关的数据。

实施运管评价:查阅城区年度经济运行报告,审查第三产业、高新技术产业、战略性新兴产业增加值以及地区生产总值增加值等统计数据,并现场核查。

Ⅱ 绿色经济

8.2.4 本条适用于规划设计、实施运管评价。

《上海市"十四五"节能减排综合工作实施方案》中提出大力推动节能减排,加快建立健全绿色低碳循环发展经济体系。为推动上海经济社会高质量发展,应加强节能减排工作,建立循环型发展产业体系。本条对城区单位地区生产总值能耗、单位地区生产总值水耗、循环经济产业链等指标进行评价测度。

第1款，单位地区生产总值能耗，指一定时期内一个地区每生产一个单位的地区生产总值所消耗的能源，是反映能源消费水平和节能降耗状况的主要指标。该指标是衡量城区产业结构合理性及资源利用效率的可量化指标，可引导产业结构结构调整、促进节能技术应用、推进经济生态化转型。计算公式为

$$\frac{单位地区生产总值能耗}{（吨标准煤/万元）}=\frac{城区能源消费总量（吨标准煤）}{城区生产总值（万元）}$$

$$\begin{matrix}单位地区生产总值\\能耗年均下降率\end{matrix}=(1-\sqrt[n]{1-累计下降率})\times100\%$$

其中，n 为年数。

年均进一步降低率以评价期前三年的实际单位地区生产总值能耗为基准计算。具体计算方法为

$$X_{e0}\times(1-a_e\%-a_{ej}\%)^n=X_{en}$$

其中，X_{e0} 为基准年本市单位地区生产总值能耗；X_{en} 为规划年或考核年被评价城区的单位地区生产总值能耗；$a_e\%$ 为本市节能考核指标年均下降率；$a_{ej}\%$ 为被评价城区能耗年均进一步降低率；n 为基准年和考核年之间相差的年数。

第2款，单位地区生产总值水耗，是每生产一个单位的地区生产总值的用水量，是衡量一个城区用水效率、节水潜力、水资源承载能力和经济社会可持续发展的重要指标。城区应实行严格的水资源管理制度，加强用水总量控制和定额管理，严格实行水资源保护。计算公式为

$$单位地区生产总值水耗(m^3/万元)=\frac{城区用水总量（m^3）}{城区生产总值（万元）}$$

$$\begin{matrix}单位地区生产总值\\水耗年均下降率\end{matrix}=(1-\sqrt[n]{1-累计下降率})\times100\%$$

其中，n 为年数。

年均进一步降低率以评价期前三年的实际单位地区生产总值水耗为基准计算。具体计算方法为

$$X_{w0} \times (1 - a_w\% - a_{wj}\%)^n = X_{wn}$$

其中,X_{w0} 为基准年本市单位地区生产总值水耗;X_{wn} 为规划年或考核年被评价城区的单位地区生产总值水耗;$a_w\%$ 为本市节水考核指标年均下降率;$a_{wj}\%$ 为被评价城区水耗年均进一步降低率;n 为年数。

第 3 款,循环经济是一种以资源的高效利用和循环利用为核心,以"减量化、再利用、资源化"为原则,以"低消耗、低排放、高效率"为基本特征,符合可持续发展理念的经济发展模式,其本质是一种"资源—产品—消费—再生资源"的物质闭环流动的生态经济。

本条第 3 款第 1 项要求城区形成循环经济发展规划,循环经济发展规划应确定不同生态功能区的社会经济发展方向、结构布局和调整、资源开发与保护任务。例如,城区若具有再生资源的处理加工能力,则应该重点建设并完善再生资源回收网络及平台;城区若具有垃圾废物处理能力,则可以发展生活垃圾焚烧发电或者工业废弃物综合利用项目。

本条第 3 款第 2 项要求以副产品的平衡为核心,加快构建产业链清晰、资源综合利用、绿色低碳特征明显的循环经济产业格局。例如,在火电方面,除发电炼铝之外,还实现热电联产、联供、联销,大大缓解城区的环境问题,提高社会效益。在新能源方面,合理开发和有效利用风能、太阳能等清洁能源,提高清洁能源在高载能耗中的比重,降低一次能源的消耗。

本条第 3 款第 3 项要求形成完整或较为完整的产业链,且绿色产业循环经济体系都达到或超过上海市考核目标便可得分。产业经济的循环化是生态经济的基本特征之一,城区可以根据上海市产业基础,积极调整产业结构,构建清洁环保的循环经济体

系并形成循环经济产业链,鼓励城区形成静脉产业,消化城区内部产业垃圾,最终形成一个个循环产业的园区。

【本条评价方法】

规划设计评价:查阅节能、节水相关政策文件,产业发展规划等文件。若城区内无节能、节水对应的政策文件,条文不得分。城区产业发展专项规划中有完整的循环经济发展规划内容,且体现城区的产业特色与当地的产业优势,可得分。

实施运管评价:查阅节能、节水相关政策文件,经济运行报告,以及各类项目(新建、改建、扩建)节能评估报告,审查重点项目能耗、水耗与所在地区行业指标的对比情况,并现场核查。查阅城区产业发展专项规划,审查循环经济发展规划、相关指标目标及实施方案等。实施运管评价还可查阅城区年度经济运行报告,审查循环经济相关指标的统计数据,并现场核查。

8.2.5 本条适用于规划设计、实施运管评价。

绿色低碳转型产业是以环境保护和生态系统改善为核心,通过绿色化的技术创新实现资源高效利用,向市场提供新的绿色产品最终实现社会经济可持续发展的产业模式。绿色低碳转型产业政策是在绿色低碳发展理念指引下对传统产业政策的变革,涉及产业经济发展模式、管理制度结构以及技术创新驱动机制等方面的深刻调整。2024 年 2 月 2 日,国家发展改革委会同工业和信息化部、自然资源部、生态环境部、住房城乡建设部、交通运输部、中国人民银行、金融监管总局、中国证监会、国家能源局联合印发《绿色低碳转型产业指导目录(2024 年版)》。《绿色低碳转型产业指导目录》的发布为进一步厘清产业边界,将有限的政策和资金引导到对推动绿色发展最重要、最关键、最紧迫的产业上提供了制度支持,本条绿色产业应符合《绿色低碳转型产业指导目录》中的产业分类。

【本条评价方法】

规划设计评价:查阅城区或所在行政区绿色产业发展、低碳发展相关规划文件。

实施运管评价:查阅城区至少一年的运营数据及相关材料,审查绿色产业相关的统计数据。

8.2.6 本条适用于规划设计、实施运管评价。

鼓励绿色生态城区项目使用绿色金融工具,如:给予城区内绿色建筑、绿色能源、绿色交通等环保、节能效果好的项目一定额度的贷款贴息,即绿色贷款;城区内可购买绿色债券,或者拥有绿色债券投融资的项目;为确保绿色贷款、绿色债券用于环保节能项目,购买绿色保险,定期对城区绿色贷款进行核查;城区内可购买绿色基金,或者拥有绿色基金投融资的项目;城区内拥有通过绿色信托贷款、绿色股权投资、绿色债券投资、绿色资产证券化、绿色产业基金、绿色公益(慈善)信托等方式提供的信托产品及受托服务等。

我国碳金融市场处于发端阶段,我国目前有北京环境交易所、上海环境交易所、天津排放权交易所和深圳环境交易所,主要从事基于 CDM 项目的碳排放权交易。CDM 项目包含新能源和可再生能源、节能和提高能效类型项目、垃圾焚烧发电、造林和再造林、HFC-23 分解消除项目等。城区内若有项目进行碳金融交易,本条也可得分。

【本条评价方法】

规划设计评价:查阅城区或所在行政区是否制定绿色金融相关的政策或产业规划或拥有绿色金融相关产品。

实施运管评价:查阅城区关于绿色金融发展的情况评估报告并现场核实。

Ⅲ 人文活力

8.2.7 本条适用于规划设计、实施运管评价。

健全的社会治理体系是建设人民城市的重要前提和保障。《中华人民共和国国民经济和社会发展第十四个五年规划和

2035 年远景目标纲要》提出要健全社会治理体系,建设人人有责、人人尽责、人人享有的社会治理共同体。"十三五"以来,上海按照习近平总书记"城市管理应该像绣花一样精细"的要求,对标最高标准、最好水平,综合运用法治化、标准化、智能化、社会化手段,努力实现管理的全覆盖、全过程、全天候,着力提升市民群众的认同感、获得感、幸福感和安全感,初步形成了安全、干净、有序的市容市貌和城市管理格局。新发展时期城区发展诉求多元复合,随着绿色低碳发展要求逐渐提高,绿色低碳内涵不断延展,绿色生态城区建设需要践行"人民城市人民建,人民城市为人民"理念,建立健全完善的绿色低碳治理协调机制,把握精细化治理和智慧治理路径,鼓励动员社会多主体参与治理,使得城区规划能够更好反映本地居民的需求,优化城区规划和运营情况,增加居民对城区的归属感,使绿色生态城区建设成果惠及全民。

第 1 款,工作协调机制包括但不限于人员组织体系、工作组织机制、任务分工、时间计划、配套政策等内容;包括不限于城区与社区各种不同尺度的工作机制。如以产业为主要功能的城区,以城区区域管理部门为主体建立绿色低碳治理机制;以居住为主要功能的城区,可以建立社区层级的绿色低碳治理机制。

第 2 款,多元化参与主体包括政府机构、非政府/非营利机构、专业机构和居民。其中,非政府/非营利机构可包括公民社会团体、独立部门、慈善部门、义工团体、志愿者协会等;专业机构包括各类专业学会、协会、科研院所、高校等。居民参与主要以城区内居民为主;若城区内无原住民、原住民数量很少,或原住民和未来城区引入的目标使用人群不符时,应首先考虑城区周边社区的居民。

第 3 款,社会参与组织形式包括但不限于网上咨询、街头访问、问卷调查、讲座、公示、巡回展览、社区工作坊、论坛、研讨会等。

【本条评价方法】

规划设计评价:查阅城区或所在行政区的绿色低碳工作参与

机制,规划设计过程中多元主体参与情况,包括且不限于对规划设计方案文件的听证会、意见回复反馈、公开公示等相关形式,审查参与的主体及组织形式等内容。

实施运管评价:查阅城区或所在行政区的治理中绿色低碳的实施组织架构与组织机制文件,城区治理绿色低碳实施评估报告,建设以及运营过程中多元化主体参与的相关记录、意见回复、采取的优化措施等,并现场核实。

8.2.8 本条适用于实施运管评价。

社区、园区、学校是城区内重要的生活工作单元,也是城区绿色低碳发展的重要推进主体。为全面提升居民绿色低碳发展意识,形成全民绿色低碳共同理念,促进居民形成绿色低碳生活方式,应鼓励开展绿色低碳管理、教育宣传或志愿活动等。

第1款,鼓励社区、园区、学校开展绿色低碳宣传活动(不限于固定展示形式),鼓励学校举办绿色低碳科普活动(如设立绿色低碳兴趣课堂、举办绿色低碳知识竞赛等),营造全民绿色低碳的生活氛围。

第2款,绿色低碳为主题的志愿服务活动包括但不限于社区人居环境整治、生活垃圾回收分类、绿色低碳知识科普等。

【本条评价方法】

实施运管评价:查阅社区、园区、学校绿色低碳管理制度报告和节能、节水、节材、绿化管理、垃圾管理运行记录,绿色低碳教育宣传科普活动开展情况和相关证明材料,绿色低碳主题的志愿服务活动开展情况与证明材料。选取城区典型社区(园区)数量应不少于5个。

8.2.9 本条适用于实施运管评价。

实现绿色转型发展,落实"双碳"目标,需倡导社会各界积极参与,体现绿色社会责任感。绿色社会责任感指企事业单位、社会团体、政府部门等社会主体在生产办公过程中遵循绿色低碳理念,尽可能减少自身活动对自然和生态环境的影响,积极参与绿色减碳活动,通过绿色社会行为推进社会绿色消费和绿色生产示范,为生态文明建设和碳减排贡献社会力量。

第1款,鼓励绿色出行,推进绿色低碳交通设备推广普及。新能源汽车占比指以企事业单位法人所持有的汽车中新能源汽车的比例。《上海市交通领域碳达峰实施方案》提出加速推进公交、出租、网约、城市物流、环卫、邮政、公务车辆的电动化发展。党政机关、国有企事业单位、环卫、邮政等公共领域,以及市区货运车、租赁汽车、市内包车有适配车型的,新增或更新车辆原则上全部使用纯电动汽车或燃料电池汽车等新能源车辆。到2035年,社会保有汽车电动化率力争达到40%。因此,本款要求企事业单位、社会团体、政府部门用车尽量使用纯电动汽车或燃料电池汽车等新能源车辆。

第2款,鼓励实施绿色采购、绿色办公措施。绿色采购指采购活动中优先购买对环境负面影响较小的原材料、产品或服务;绿色办公指在办公活动中实行节约资源、减少排放的行为;如采购绿色办公用品、绿色创新技术研发、办公场所节水节电、员工每周绿色出行日等措施。

第3款,鼓励开展绿色低碳信息披露,通过环境信息、碳信息、ESG信息等绿色低碳信息披露,进行社会监督并督促社会主体提高碳减排和碳管理水平,形成全社会绿色低碳发展的浓厚氛围。

【本条评价方法】

实施运管评价:查阅城区企事业单位、社会团体、政府部门的公用车辆登记情况、绿色采购记录、绿色办公策略、绿色低碳信息披露情况报告等。本条评价企事业单位、社会团体、政府部门等对象数量不宜少于在城区内生产活动的5%;若数量不足100个,则至少要求5个。

8.2.10 本条适用于实施运管评价。

《上海市关于加快建立健全绿色低碳循环发展经济体系的实

施方案》强调要营造绿色转型的良好氛围,鼓励各类社会主体积极开展和参与节约型机关、绿色家庭、绿色学校、绿色社区、绿色出行、绿色商场、绿色建筑等创建活动,形成全社会崇尚绿色低碳生活方式和消费理念的良好氛围,从而更好促进经济社会发展全面绿色低碳转型。积极开展绿色主题类示范工程创建可形成多元化的绿色低碳发展模式典范,为其他区域提供一批可复制可借鉴的绿色低碳案例。

第1款,鼓励创建绿色社区。《上海市城市管理精细化"十四五"规划》提出至2025年上海市绿色社区创建率不低于70%,考虑到绿色生态城区的示范性作用,本款适度提高要求。

第2款,鼓励学校、医院、商场、工厂等公共领域创建绿色示范工程,包括且不限于绿色学校、绿色医院、绿色商场、绿色工厂。

第3款,鼓励行政机关创建绿色示范工程,包括且不限于节约型机关、节水型机关(单位)、绿色机关食堂。

【本条评价方法】

实施运管评价:查阅城区内各绿色主题类示范创建相关证书或文件资料。

8.2.11 本条适用于实施运管评价。

新时代我国社会主要矛盾是人民日益增长的美好生活需要和不平衡不充分的发展之间的矛盾。人民对城市美好生活的需求日益提升,城市居民对城区环境的满意情况直接体现城市建设的好坏。此外,由于对环境保护和社会服务的知识逐渐增加,公众维护自身合法权益的需求愈加强烈,迫切渴望参与到城市建设中,发表自己的意见。城市建设和发展,归根结底是服务公众的,人们在城市生活、工作、学习,对城市的环境质量和服务质量有着最直接的体验,因此人们的满意度最能代表城区的建设的水平。通过反馈公众的意见,能提高城市的管理和决策者的服务意识和服务水平。

民生幸福指数是衡量居民幸福感的标准。本条要求开展民意调查,抽样比可以为城区总人口的 1%～5%。调查内容包括居民对城区绿色建设整体的满意度,以及对政府绿色工作、绿化环卫、公共服务、精神文化生活、目前生活水平、对来年生活/工作预期等方面的分项评价,从而计算得到民生幸福指数。调查问卷的评价总分值为 100 分,以所有受访者的平均得分为准。

【本条评价方法】

实施运管评价:查阅民意调查报告,审查调查问卷、调查时间、调查对象、调查方法、调查内容、主要调查结论等。

9 智慧管控

9.1 控制项

9.1.1 本条适用于规划设计、实施运管评价。

对于新建城区，绿色生态城区的数字基础设施和智慧应用场景在规划阶段需要从安全组织体系、安全策略体系、安全技术体系和安全运作体系进行网络规划；在实施运管阶段监控网络安全状态，确保网络正常运行和信息安全。

对于更新城区，应把城市建设中的网络安全需求提到重要位置，重新梳理和评估物联感知层、网络传输层、应用服务层等的安全防护能力，对现有的网络设备和系统进行安全评估，发现和修复安全漏洞，在进行物联网、云计算、大数据等技术的应用或改造时提供可靠的技术解决方案以保障网络安全，在进行智慧城市或数字基础设施建设时应对原城区的网络安全情况进行总结，并提出新的网络安全实施策略。

【本条评价方法】

规划设计评价：查阅城区或所在行政区的智慧城市或数字基础设施相关规划文件。

实施运管评价：查阅信息系统运行记录和信息安全报告，并现场核查。

9.1.2 本条适用于规划设计、实施运管评价。

当前双碳发展战略背景下，通过区域能源监测及碳排放数字化管理系统，可有效收集电、水、气、冷、热等能源消耗以及碳排放数据信息，对用能、碳排放数据做好时时监测和动态分析，便于及时处理不合理的能源消耗，降低城区碳排放有重要意义。

能源监测管理系统是指将建筑物、建筑群或者市政设施内的变配电、照明、电梯、空调、供热、给排水等能源使用状况,实行集中监测、管理和分散控制的管理与控制系统,是实现能耗在线监测和动态分析功能的硬件系统和软件系统的统称。它由各计量装置、数据采集器和能耗数据管理软件组成。能源管理系统可对城区内建筑及市政设施的用能情况进行监测,提高整体管理水平。纳入能源监测管理系统的能源有电力、燃气、燃油、燃煤、自来水、蒸汽、集中能源站提供的冷热量、可再生能源(太阳能、风能等)。绿色生态城区中设有分布式能源中心时,各分布式能源中心的运行数据应接入能源监测管理系统。

碳排放数字化管理系统,用于城区实时监测和核查温室气体(GHG)排放量。系统构建碳排放因子库,依据 ISO 14064 及《省级温室气体清单编制指南》《上海市温室气体排放核算与报告指南(试行)》等碳排放计算标准,面向城区建筑、交通、市政等各方面,计算不同来源、不同层面、直接和间接的碳排放量。

本条强调应积极配合能源监测平台进行绿色生态城区的数据采集,引导更多行业、企业将能源数据接入该平台,并充分利用该平台内的各类能源数据进行分析的数据分析结果,制定本城区合理的能源管理策略。

城区碳排放数字化管理系统可与能源监测管理系统结合,在能源监测管理系统中增加相关模块,并采用合适的碳排放计算模型将用能转换为碳排放数据。

【本条评价方法】

规划设计评价:查阅城区或所在行政区关于能源监测或碳排放数字化管理系统相关规划方案。

实施运管评价:查阅城区或所在行政区能源监测或碳排放数字化管理系统。

9.2 评分项

I 数字基础设施

9.2.1 本条适用于规划设计、实施运管评价。

具备泛在先进、高效实用、智能绿色、安全可靠的信息通信服务新基建设施，对城区的智慧化管理具有先决作用。应切实发挥信息基础设施的支撑作用，使城区在平均接入带宽、宽带下载速率、千兆以上宽带用户渗透率、用户感知度等关键指标保持较高水平，将城区打造成为 5G 产业发展高地和应用创新策源地。

数据中心是智慧城市重要基础设施之一，应按照高质量发展要求，建设绿色数据中心。对本市新建数据中心选址规划、规模功能、安全节能、资源配套、建设主体、评估监测等提出规范要求，推动数据中心高水平建设和高质量发展，确保新建数据中心综合 PUE 满足相关标准要求。根据《上海市新一代信息基础设施发展"十四五"规划》《上海市推进算力资源统一调度指导意见》，对于城区新建大型和超大型数据中心 PUE 值下降到 1.3 以下，集聚区新建大型数据中心综合 PUE 降至 1.25 以内，绿色低碳等级达到 4A 级以上。加快存量数据中心结构优化，推动数据中心升级改造，改造后的 PUE 不超过 1.4。

城区信息通信基础设施建设还包括高速光纤网络覆盖、骨干网演进和服务能力升级、IPv6 规模部署、卫星通信布局、区块链基础设施建设、城市大脑建设等。

城市更新的目标之一就是实现数字化转型。因此，对于更新城区需要强化和优化城市数字基础设施，包括运用新一代信息技术，用场景化解决方案来推动城市的顺畅、高效、可持续发展，实现城市全面监控、协调管理。

【本条评价方法】

规划设计评价：查阅城区或所在行政区信息通信服务新基建

设施规划设计方案或智慧城市相关方案。

实施运管评价:现场考察和评估信息通信服务新基建设施与新技术应用的建设情况与效果。

9.2.2 本条适用于规划设计、实施运管评价。

新型城域物联专网是以物联为基础、数据创造为纽带、人工智能为驱动的新型智慧城市架构,主要包括连接、数据、算法、服务和平台五个维度的融合。具体而言,新型城域物联专网具有如下特点:连接更广,颗粒度更细,将百倍于人的物纳入城市管理和社会治理体系;数据创造更多,精准反映城市运行态势和群体行业特征;算法更新,城市和社会运行可建模、可计算;服务更专业,人工智能驱动公共服务供给水平有效提升;平台更智能,推动城市管理和社会治理"大脑"级运行,能记录过去、感知现在,更能预测未来。

本市推进"一网统管"建设,以"一屏观天下、一网管全城"为目标,构建系统完善的城市运行管理服务体系,实现数字化呈现、智能化管理、智慧化预防,在城市治理中,做到"早发现、早预警、早研判、早处置"。建设"物联、数联、智联"三位一体的新型城域物联专网,做强"城市神经元系统",可为"一网统管"平台的高效运行提供有力支持。新型城域物联专网是智慧城市建设中重要的数字基础设施之一,绿色生态城区作为现代化城区建设抓手,应积极引导新型城域物联网建设。

【本条评价方法】

规划设计评价:查阅城区或所在行政区的城域物联专网规划方案、建设文件或"一网统管"相关应用场景文件。

实施运管评价:现场考察和评估城区或所在行政区的城域物联专网使用情况与效果、政务服务平台或城运平台实施情况。

Ⅱ　应用场景

9.2.3 本条适用于规划设计、实施运管评价。

城区的碳排放数据统计来自多领域、行业、部门，属于多源异构数据，来源和类别都十分复杂。对于新建城区，在进行碳排放数字化管理系统的规划设计时需要作好顶层设计和路线图，以便城区投入运营时具备碳排放数据的采集和分析能力，对区域未来碳排放水平进行预测；对于更新城区，应充分利用原有数据采集设备、网络等资源进行系统的建设，可对城市更新前后的数据进行对比，对时空演变过程中的碳排放进行可视化展示；区域碳排放监测计量数据是开展碳交易的重要基础，通过对区域内不同行业、企业或建筑的碳排放进行监测和计量，可以确定碳排放权的分配和交易对象，这有助于推动碳减排行动，激励企业和机构减少碳排放，促进低碳经济的发展。

可以利用区域碳排放数字化管理系统实时监测和获取城区内的碳排放数据，包括建筑、工业、交通等领域的碳排放数据。对城区碳排放数据进行统计分析，包括碳排放总量、碳排放强度等指标，对碳减排措施的效果进行评估，比如碳排放减少量、减排成本等。可将城区碳排放数据进行共享，促进各部门和社区的参与和共同管理。此外，还可以通过趋势研判，预测未来碳排放的趋势和变化。本条还鼓励利用碳排放数字化管理系统实现各种创新应用，如基于碳排放监测计量数据开展碳交易，对企业、建筑的碳足迹进行评估和管理，建立碳排放减排激励机制等。

【本条评价方法】

规划设计评价：查阅城区或所在行政区碳排放数字化管理系统规划方案。

实施运管评价：查阅城区或所在行政区碳排放数字化管理系统运行评估报告，并现场考察系统的运行情况与效果。

9.2.4 本条适用于规划设计、实施运管评价。

交通与道路监控数字化旨在通过智能化技术参与城区交通管理，提高车辆通行效率，改善交通流畅度，提升市民出行体验。主要包括以下应用场景：

（1）智能道路监控系统：利用计算机视觉和实时数据分析等智能交通领域的应用，提高服务效率；通过摄像头和传感器不断监控十字路口，实现从城市交通管理中心对整个城市的监控；利用拥塞检测功能，实现自适应控制，动态调整交通信号灯、入口匝道信号和快速公交车道等系统。

（2）智能停车场系统：提供停车诱导、场内导航、反向寻车、无感支付等便捷停车服务。停车诱导系统通过智能探测技术，与分散在各处的停车场实现智能联网数据上传，实现对各个停车场停车数据进行实时发布，将停车场的停车位有无信息通过指示器传递给司机，引导司机实现便捷停车，解决城市停车难问题。城区应加强不同停车管理信息系统的互联互通、信息共享，促进停车与互联网融合发展，支持移动终端互联网停车应用的开发与推广，鼓励出行前进行停车查询、预订泊位，实现自动计费支付等功能，提高停车资源利用效率，减少因寻找停车泊位诱发的交通需求。城区对各类停车资源的协同处置和智慧监管，提高停车资源利用效率。鼓励创建智慧车库，打造示范性智慧停车场（库）。鼓励把区域内各建筑和停车场的充电桩配套情况和用电量数据，接入智能交通系统。

（3）智能公共交通系统：利用智能化技术提升公共交通的服务质量，包括实时公交信息查询、智能调度和管理系统、电子票务系统等，提供更便捷、高效的公共交通服务。

（4）智能交通信息服务：通过移动应用、互联网等渠道，为用户提供实时交通信息、路线规划、出行推荐等服务，提升出行体验和效率。

【本条评价方法】

规划设计评价：查阅绿色交通、智慧交通专项规划相关内容。

实施运管评价：查阅智能交通设施点位布置情况、智能交通管理系统运行情况，并现场核实。

9.2.5 本条适用于规划设计、实施运管评价。

城区市容卫生工作采用数字化管理,根据《城市市容和环境卫生管理条例》(国务院令第 101 号)对城区的街区保洁、街道公共设施、建设工地、垃圾收集运输和处理等进行数据收集和实时监管。通过运行数据分析城区的市容卫生态势,保证城区的运行环境。如城区有独立的市容卫生数字化管理系统,应与城市市容卫生数字化管理系统对接。鼓励建立资源综合利用管理系统,对建筑垃圾、绿化垃圾、生活垃圾可回收物资源回收和利用量进行数字化监测。

城区园林绿地工作采用数字化管理,应对城区园林绿地的现状信息、工程建设、日常养护、责任企业等进行管理,通过运行数据分析和异常情况处置来保证城区园林绿地的运行安全。如城区有独立的园林绿地数字化管理系统,在有条件时可与城市旅游数字化管理系统相连接。

城区环保工作采用数字化管理,在线监测重点污染源,收集和展示企业事业单位环境信息,跟踪城市环境问题处置情况。

【本条评价方法】

规划设计评价:审核城区或所在行政区市容卫生数字化管理、园林绿地数字化管理、城区环保数字化管理等的规划方案,更新城区现状若不满足要求,可编制信息基础设施提升、数据采集点位增加等方案措施,达到指标要求,进而获得本条的相应分数。

实施运管评价:查阅城区或所在行政区市容卫生管理数字化管理、园林绿地数字化管理、城区环保数字化管理等的应用情况,并现场核实。

9.2.6 本条适用于规划设计、实施运管评价。

城区应逐步采用智能化技术管理道路照明、景观照明,有效控制能源消耗,降低维护和管理成本。通过推广节能环保的新光源、新技术及先进灯控模式等在道路、景观照明管理中的应用,加强遥感等智能感知技术的应用,提升对景观灯光、商业广告显示屏等光电设施的动态监察能力。

城区道路照明用路灯,可不再局限于照明功能,根据目前信息化发展水平,城区适宜发展智慧灯杆,在满足道路(节能)照明功能外,可提供小型公共通信基站加装接口,在条件许可路段应与路侧停车相结合为新能源汽车提供专有停车和充电服务。重点区域和路段应具备 24 h 探头联网监控功能。在此基础之上,可根据需要增加道路交通基础设施安全运维物联网接入、面向人流的 Wi-Fi 免费上网、公共广播、PM$_{2.5}$ 等环境指数监测、信息发布周边查询等扩展服务功能。

对于更新城区,应研究分析目前的道路与景观照明的照明质量和管理方式,如有必要可开展城区照明设施大中修改造,可采用智慧路灯提升城区的物联能力和智慧化管理水平,并将改造工作融合在城市道路与街道的整体改造工程中。

【本条评价方法】

规划设计评价:查阅城区或所在行政区的智慧城市相关方案文件。

实施运管评价:在规划设计评价方法之外,还应现场核实。

9.2.7 本条适用于规划设计、实施运管评价。

推进智慧社区建设,促进社区服务集成化、社区治理人性化、家居生活智能化是未来社区发展必然趋势。

绿色生态城区优先在各社区建设示范智慧社区,汇聚公共服务和市场资源,通过手机、电脑、数字电视等渠道,为市民提供个性化服务。推动各部门的公共服务通过信息化方式向社区延伸,鼓励各类生活服务的模式创新和应用集成,加快面向社区服务的线上线下(O2O)互动应用推广。引入物联网、云计算、大数据、区块链和人工智能等技术,建设智慧物业管理服务平台,提升社区服务能力。推进智慧物业管理服务平台与城市运行管理服务平台、智能家庭终端互联互通和融合应用,提供一体化管理和服务。整合家政保洁、养老托育等社区到家服务,链接社区周边生活性服务业资源,建设便民惠民智慧生活服务圈。推进社区智能感知设施建设,提高社区治理数字化、智能化水平。大力发展智慧家居,推动智能家居相关软硬件技术标准的研发和制定,鼓励面向家居生活的智能化服务模式创新。

第 1 款,社区生活服务站,应为社区居民提供信息教育、智慧宣传、生活资源等服务,方便各年龄层的居民获得最新智慧信息、提升个人技能、网上购物消费等服务。

第 2 款,社区养老数字化服务系统,指对社区内 60 周岁以上的老人提供就医、购物、保洁、出行、活动、交友、资讯等服务,系统包括健康档案管理系统、呼叫求助系统、老人定位系统、远程健康体征管理系统、资讯推送系统等子系统。

第 3 款,鼓励对社区服务、社区治理进行创新性数字赋能,包括但不限于社区智慧生活、社区友好交流、社区公共安全、社区安防和消防等应用层面。

对于更新城区,如涉及老旧社区的改造,宜总结分析存在的问题,明确有关基础通信设施改造、通信线路改造、安防系统改造等的内容,可与整个城区的智能化升级同步,积极创新高品质生活的新应用场景。

【本条评价方法】

规划设计评价:查阅城区或所在行政区的智慧社区相关规划方案。

实施运管评价:现场核实系统建设及运营情况。

9.2.8 本条适用于实施运管评价。

随着城市的发展,由于建造时的技术水平限制以及使用过程中的老化和损坏,一些旧建筑存在能耗高、舒适性差等问题。因此,对旧建筑进行绿色节能改造成为建筑业发展的重要方向。

对城区内的居住建筑和公共建筑实行节能改造时,宜运用数字化和智能化技术,做到数据可采集、数据可展示、数据可利用。要求重点用能单位建立能耗在线监测系统、高耗能企业建立能源管理中心,通过各种数字化手段,切实降低存量建筑和基础设施的能耗,减少城区的碳排放。

$$运用数字化技术进行绿色化改造面积比例(\%) = \frac{运用数字化技术进行绿色化改造面积(m^2)}{改造建筑面积(m^2)} \times 100\%$$

对既有公共建筑调适时,根据既有公共建筑的使用需求,在技术经济分析基础上,发挥先进信息化技术和平台的作用,通过分析信息化平台历史的和实时的数据,为建筑舒适、安全、高效运行提供有效保障。利用近年来物联网、云计算、大数据分析、BIM技术等信息化软硬件技术的快速发展,为建筑机电系统实现高效、自动运行提供技术和管理层面保障。数字化调适应符合现行上海市工程建设规范《既有公共建筑调适标准》DG/TJ 08—2426 相关要求。

$$既有公共建筑调适面积比例(\%) = \frac{既有公共建筑调适面积(m^2)}{城区既有公共建筑总建筑面积(m^2)} \times 100\%$$

对于更新城区,如果城区内建筑能耗明显高于本地区同类建筑的能耗值、建筑整体或某些区域热舒适性无法满足使用要求、建筑设备或智能化系统无法正常工作、业主有节能减碳意愿等情况,应对建筑进行绿色化改造和节能性、舒适性调适。

【本条评价方法】

实施运管评价:查阅能效管理系统运行报告、建筑调适报告,并现场考察能效系统的建设和运行情况后给予评分。

9.2.9 本条适用于规划设计、实施运管评价。

生态城市的建设是一个长期的、持续的过程,通过全过程跟踪管控,可以及时发现难点和问题,及时解决问题,确保城区的绿色生态发展目标得到落实,同时为后续的改进和优化提供指导和依据。《关于推进本市绿色生态城区建设的指导意见》(沪住建规范联〔2023〕13 号)提出动态评估绿色生态城区试点的建设成效。

因此,借助数字化技术对城区的相关指标进行动态监测及全过程跟踪管控具有重要意义。

利用现有城区建设管理信息系统基础或所在行政区信息系统,对绿色生态指标进行数据收集、识别、诊断,分析城区内的突出问题,形成"动态监测、定期评估、查找问题、整治措施、跟踪落实"的城市精细化治理机制。

【本条评价方法】

规划设计评价:查阅城区或所在行政区的智慧城市相关方案。

实施运管评价:除了查阅城区或所在行政区的智慧城市相关方案、实施运行报告,还应现场核实。

Ⅲ 保障管控

9.2.10 本条适用于实施运管评价。

城区规划设计时,为指导项目建设,一般会通过编制建设导则或建设图则或地块管控表等办法将规划阶段的绿色生态政策、方案、指标落地,强化绿色生态指标的落实和细化。将绿色生态理念与城区开发建设工作充分融合,从规划完善、配套制度建设、技术标准体系、重点工程等方面提出指标实施指引。城区建设与运营按照规划设计阶段编制的建设导则或建设图则等规划文件落实,则本条可得分。

建设导则是明确地块内部建设控制要求及公共空间建设要求,同时在土地出让建设前明确各职能部门监管职责,实现全生命周期管理,指导建设、辅助管理。建设导则框架由现状控制要素梳理、建设控制要素和管理控制流程三个方面组成。这三个方面涵盖了专项协调梳理、指标分类整合,地块内部建设条件要求、公共空间建设条件要求,土地全生命周期管理、全流程要素管理等各方面,明确了各主体在各阶段的具体控制实施要素。

建设图则是对城区土地利用性质、开发强度、配套设施、绿色交通、生态环境、绿色建筑、能源利用等绿色生态措施等作进一步明确规划。

【本条评价方法】

实施运管评价：查阅绿色生态建设导则或建设图则或地块管控表，并现场核查。

9.2.11 本条适用于实施运管评价。

为了考察绿色生态城区在实施运管阶段出现的相关问题，并确保及时解决反映的问题能够，有必要建立一套考核机制。通过自查、阶段评估等方式对城区进行定期的绩效评估，并根据反馈的问题及时进行政策或治理机制上的动态调整，对运行主体进行监督管理，确保城区运行的工作积极性。

【本条评价方法】

实施运管评价：查阅城区运行过程中建立的监督管理制度、实施情况及实施成效，以及采取的优化措施等资料。

9.2.12 本条适用于规划设计、实施运管评价。

为了实现城区建设质量和进度的控制，可建立城区建设管控信息管理系统。通过对城区建设的各个环节有效监控和管理，确保建设工程按照规划和标准进行，并及时发现和解决问题。

城区建设管控信息管理系统，应具备信息发布、政策文件共享、项目信息统计、项目规划建设进展管理、绿色技术指标应用统计与展示、城区运营状况统计与展示等功能。

【本条评价方法】

规划设计评价：查阅城区建设管控信息管理应用规划方案。

实施运管评价：查阅城区建设管控信息管理应用报告，并现场核实。

9.2.13 本条适用于规划设计、实施运管评价。

上海市为保障碳达峰、碳中和工作，建立上海碳达峰、碳中和工作领导推进机制，严格实施能耗双控制度和责任考核，强化能耗强度约束性指标管理，考核结果纳入领导班子和领导干部考核和离任审计。各行业主管部门和各区政府应进一步分解落实目标责任,按照"谁主管谁负责"的原则督促重点用能排放企业落实责任目标。

绿色生态城区作为引领上海市绿色发展的区域应主动设置双碳工作专班,指导城区碳达峰碳中和相关工作,在韧性安全、健康宜居、低碳高效、经济活力、智慧管控等方面指导双碳工作。

第 1 款,城区或所在区内具备确立双碳工作责任人机制,项目建设单位应指定项目双碳目标保障第一责任人,并应及时向双碳工作主管部门备案,贯彻执行相关规定和技术标准,落实主管部门的要求,编制双碳目标保障计划等相关内容并履行。

第 2 款,城区或所在区内建立追溯查证机制,建立全流程有效的责任追溯查证体系,明确各环节的主体责任,制定岗位责任制度,并监督落实。

【本条评价方法】

规划设计评价:查阅城区或所在行政区的相关文件,确保建立碳达峰碳中和工作领导小组,并能覆盖城区的双碳工作。

实施运管评价:查阅双碳领导小组的制度和考核情况。

10 特色与创新

10.0.1 本条适用于规划设计、实施运管评价。

为鼓励城区的特色发展与创新引导,本条强化对于韧性安全、健康宜居、低碳高效、经济活力和智慧管控五类指标的特色性发展中至少一类指标的评分项得分比例达到 80%,城区结合自身特点,重点发展适宜绿色低碳建设领域。

【本条评价方法】

规划设计评价:查阅绿色生态城区自评文件。

实施运管评价:在规划设计评价方法之外,还应现场核实。

10.0.2 本条适用于规划设计、实施运管评价。

很多小区和地块开发,地下空间往往满铺建设,顶板覆土深度在 1.5 m 左右,对于地块源头绿色减排设施的设计、雨水自然下渗和排放造成一定影响。如在地下空间建设中,能充分考虑地块海绵城市建设需求,通过地下空间顶板创新设计预留径流排放通道,或者结合城区内涝防治和超标降雨应急调蓄需求,通过创新设计,实现地下空间功能复合利用,对于提升城区排水防涝、实现绿色韧性具有重要意义。

【本条评价方法】

规划设计评价:查阅相关规划设计文件。

实施运管评价:查阅相关监测或运行记录资料,并现场核实。

10.0.3 本条适用于规划设计、实施运管评价。

被列入上海市历史文化风貌区和优秀历史建筑名录的街区、建筑须按照《上海市历史文化风貌区和优秀历史建筑保护条例》的规定进行保护与管理;而其他具有一定历史价值但未被列入名录的街区和建筑,也应考虑活化和改造再利用,而不是完全拆除重建,这对保存城区的集体记忆,增加城区的地方特色有重要作用。

根据联合国教科文组织《保护非物质文化遗产公约》定义,非物质文化遗产是指被各社区、群体,有时是个人,视为其文化遗产组成部分的各种社会实践、观念表述、表现形式、知识、技能以及相关的工具、实物、手工艺品和文化场所。这种非物质文化遗产世代相传,在各社区和群体适应周围环境以及与自然和历史的互动中,被不断地再创造,为这些社区和群体提供认同感和持续感,从而增强对文化多样性和人类创造力的尊重。"保护"指确保非物质文化遗产生命力的各种措施,包括这种遗产各个方面的确认、立档、研究、保存、保护、宣传、弘扬、传承(特别是通过正规和非正规教育)和振兴。

城区应该对其所在区的非物质文化遗产进行调查。对于发源于规划区内的非物质文化遗产要进行重点保护、传承和传播;对于发源于规划区外但属于区级的非物质文化遗产,要配合所在区开展传播和推广工作。

【本条评价方法】

规划设计评价:查阅具有历史价值的街区、建筑的活化和改造再利用的可行性分析报告。所在区非物质文化遗产调研报告或清单、保护利用相关规划设计文本和图纸等。

实施运管评价:查阅街区或建筑的保护利用总结报告、非物质文化遗产保护传承总结报告,审查保护措施的落实情况,并现场核查。

10.0.4 本条适用于规划设计、实施运管评价。

鸟类是城市生物多样性的重要组成部分,也是城市生态系统的指示物种之一。上海境内鸟类达到519种,约占全国1/3,长江河口滩涂是全球的"东亚—澳大利西亚"候鸟迁徙路线上的重要中转站。据相关研究,建筑玻璃反射是导致鸟类数量下降的重要因素(栖息地丧失除外),每年可导致上亿只鸟类撞击死亡。因此,共建万物和谐共生的美丽家园,打造鸟类友好型建筑与设施对于上海生态之城建设极其重要。

鸟类友好型建筑是指通过减少玻璃面积、使用鸟类友好玻璃以及较低楼层防鸟撞设计等措施手段建设或改造的鸟类友好建筑。当前城区中新建建筑玻璃幕墙面积较大,同时各类空中步道、连廊等也较多采用大面积玻璃形式,均容易因反射、通透、眩光等原因使得低空高速飞行的鸟类难以将玻璃识别为障碍物,造成撞击致死。因此,鼓励减少或不使用透明玻璃,使用防鸟撞玻璃,以鸟类友好设计形式替代。

评价时,区域内采用了鸟类友好型建筑的面积不低于总建筑面积的 10%;重点在 20 m 以下的建筑部分,减少玻璃幕墙面积、使用磨砂玻璃、为建筑立面增加外部屏罩、采用釉彩玻璃等措施,或应用图纹玻璃、玻璃贴膜,其图案间距小于 5 cm。

【本条评价方法】

规划设计评价:查阅绿色生态专业规划相关规划内容及图纸。

实施运管评价:在规划设计评价方法之外,还应现场核实。

10.0.5 本条适用于规划设计、实施运管评价。

都市农业是现代农业的重要组成部分。随着工业化、城市化的发展,临近城市以及都市辐射区域内的传统农业受城市发展理念、发展形态和产业特征的影响,借助城市化发展成果,利用城市提供的生产要素和市场,依托城市的经济、社会和生态系统,在发展方式、内涵和目标等方面都发生了较大转变且形成了独有的特征,在服务城市发展、改善居民生活、维护社会稳定方面发挥着重要的基础性作用。城区规划都市农业区域有利于形成城区"绿肺",调节微气候,促进都市农业发展,还能降低农产品输送需求,减少运输碳排放。此外,农场与果园等都市农业区域可与城市绿色廊道、开放空间等功能进行整合设计,将其作为景观、绿色廊道、开放空间等功能空间的组成部分,并形成开放空间供公众使用,促进公众亲近大自然,加强自然环境与人工环境的融合。都市农业类型包括家庭菜园、社区菜园、校园菜园、单位或机构菜园、公园菜园及位于非农用地的其他农业形式。

评价时,城区内的河流、湖泊等可以进行水产养殖的区域也可以算作都市农业区域,郊野公园中开辟的蔬菜种植园或在城市郊区建设的各类采摘园等也属于都市农业范畴。

【本条评价方法】

规划设计评价:查阅相关规划文本及图纸。

实施运管评价:查阅相关总结报告,并现场核实。

10.0.6 本条适用于规划设计、实施运管评价。

提高大型公共建筑需求侧响应的虚拟电厂建设,是保障新能源清洁利用水平和电力系统运行效率的重要环节。因此,本条是本标准第7.2.3条更高层次的要求,鼓励新型电力系统建设。

【本条评价方法】

规划设计评价:查阅城区或所在行政区综合能源规划、虚拟电厂规划方案等相关文件。

实施运管评价:审查城区或所在行政区虚拟电厂建设方案及指标落实情况评估报告,并现场核查。

10.0.7 本条适用于规划设计、实施运管评价。

本条所指的零碳建筑是指满足在编国家标准《零碳建筑技术标准(征求意见稿)》(标准正式发布后参照执行)及地方相关标准要求的全过程零碳建筑。即在满足零碳建筑技术指标的基础上,通过采用低碳建材、低碳结构形式和材料减量化设计,可结合碳排放权交易和绿色电力交易等碳抵消方式,建筑建材、建造和运行全过程的总碳排放量不大于零的建筑。

【本条评价方法】

规划设计评价:查阅城区零碳建筑相关规划目标、规划布局图、项目清单表等。

实施运管评价:查阅城区零碳建筑的相关标识证书等材料,

并现场核实。

10.0.8 本条适用于规划设计、实施运管评价。

电气化是国家能源转型的重大动向,《中国电气化年度发展报告2022》指出,2021年我国建筑电气化率44.9%,较上年提高0.8个百分点;随着热泵+蓄能、光伏建筑一体化、电厨炊、智能家电等建筑部门电能替代技术装备应用规模持续扩大,加上"光储直柔"等前沿技术创新应用潜力加速释放,预计将带动建筑部门电气化率在2023—2025年达到51.4%~55.9%。因此,引导绿色生态城区加快电气化的发展具有重要意义。

【本条评价方法】

规划设计评价:查阅城区电气化规划相关方案,包括电气化提升的相关具体措施。

实施运管评价:查阅城区建筑电气化提升措施落实情况及评估报告,并现场核查。

10.0.9 本条适用于规划设计、实施运管评价。

储能技术的进步对配电网的形态产生革命性的影响。小规模功率型储能技术的成熟,将对平抑新能源和负荷的间歇性和波动性起到重要作用,能大大提高并网型新能源的消纳能力。而大规模能量型储能技术的成熟,则有可能彻底改变配电网的形态,从传统的中压交流互联型配电网发展成为基于储能的低压直流配电网,并且以分散式新能源补充能量实现自给自足,或采取换电方式补充能量。对于城区高负荷密度区域,低压微电网的储能装置在35 kV及以上变电站充放电,并由综合能源服务公司对用户以换电方式进行储能装置更换服务,或由用户自行前往电动汽车换电站更换储能装置。

【本条评价方法】

规划设计评价:查阅能源综合利用规划和直流微电网实施方案。基于储能的直流微电网实施方案应包含电源与电网建设分析、电源、配电网和储能网系统建设方案、微电网实施机制等内容。

实施运管评价：查阅智能微电网运行记录并现场核查。

10.0.10 本条适用于规划设计、实施运管评价。

"双碳"目标提出之后，控排任务首先覆盖到了电力、石化、建材、钢铁等高碳排放行业，这些行业的企业也自然而然地开启了自身的碳资产管理，因此本条默认控排行业已经开展减碳行动，不再对其有所新要求。其他行业企业为非控排企业，指没有控制排放任务的企业，本条鼓励这类企业开展减排行动。

本条主要鼓励城区积极开发碳普惠减排项目，参照《上海市碳普惠体系建设工作方案》重点任务，城区开展碳普惠相关项目或政策研究等。包含制定碳普惠制度体系、设立碳普惠体系管理及运营机构、建设碳普惠系统平台、有序推进碳普惠方法学开发备案、建立碳普惠项目、建立碳普惠项目信息库、对接上海碳排放权交易市场、鼓励通过购买和使用碳普惠减排量实现碳中和、优化资源共享的碳普惠生态圈、建立个人减排场景申报评估机制、推动个人减排场景接入与开发、推动上海与各地的碳普惠体系互动合作、建立碳普惠绿色投融资服务、探索碳普惠减排量相关金融产品与服务、加强碳普惠与其他政策目标协同等一系列任务。

第1款，新建城区规划有碳普惠应用场景可判定本款得分。城区内在个人碳普惠场景推广方面，按照"先易后难、逐步扩大"的原则，将个人衣、食、住、行、用等生活中有效的低碳行为逐步开发为标准化的个人减排场景，探索建立面向公众的个人碳账户体系，提升公众对自身节能降碳行为的感知，为公众参与碳减排活动提供多元化的路径选择。更新城区内若有形成碳积分的相关应用或活动，则可判定为本款得分。

第2款，对于政府或企业，鼓励通过购买和使用碳普惠减排量实现碳中和。按照《上海市碳普惠体系管理办法（试行）》，鼓励符合条件的金融机构参与碳普惠绿色投融资服务，为具有方法学开发、项目及场景建设能力的主体提供资金支持，推动绿色金融服务碳普惠前期建设与后期的可持续运营。将企业的碳减排行为纳入环境信用评价体系,研究将个人的碳减排行为纳入个人公共信用记录,实现绿色表现与其他政策、商业资源的联动。对于个人,通过碳普惠激发消费活力,鼓励衣、食、住、行、用各领域商业机构通过提供优惠券、兑换券等方式,在消纳减排量的同时激发消费活力,实现公众获益、商家增收、全社会减排的良性循环模式。

【本条评价方法】

规划设计评价:查阅城区绿色生态专业规划相关内容。

实施运管评价:查阅城区关于碳普惠和碳交易的情况评估报告并现场核实。

10.0.11 本条适用于规划设计、实施运管评价。

《上海市数字经济发展"十四五"规划》提出,上海市要把握全球数字化发展机遇,以推动数字技术与实体经济深度融合为主线,协同推动数字产业化和产业数字化,加快培育新技术、新业态、新模式,加快打造具有世界影响力的国际数字之都。因此鼓励城区不断提高实体经济数字化水平,培育产业新动能,引领数字新消费,推动数字经济向更深层次、更宽领域发展,数字经济核心产业增加值占城区生产总值比重持续提升。

数字经济核心产业指为产业数字化发展提供数字技术、产品、服务、基础设施和解决方案,以及完全依赖于数字技术、数据要素的各类经济活动。国家统计局于 2021 年发布《数字经济及其核心产业统计分类(2021)》,数字经济核心产业可分为数字产品制造业、数字产品服务业、数字技术应用业和数字要素驱动业四个大类。本条要求城区内布局数字经济核心产业达到 4 类(中类),可得分。

【本条评价方法】

规划设计评价:查阅城区或所在行政区产业发展专项规划,审查产业规划布局。

实施运管评价:查阅城区或所在行政区年度经济运行报告，审查数字经济核心产业布局及发展情况，并现场核查。

10.0.12 本条适用于规划设计、实施运管评价。

数字孪生、BIM、GIS、IoT 等技术使城区系统组织能够在整个生命周期中实现可视化和数据分析，构建真正的数字城市。对于绿色生态城区，基于 CIM 的管理信息系统可提供城区规划设计和运行管理的整体视图，集成不同阶段、不同行业、不同领域的数据，可实时动态跟踪，提高城区治理的工作效率、增强城区运维能力。平台应开放数据接口，便于科技创新、民生共享、绿色发展、生态监测、城市安全等场景内容的接入。

本条强调应用 BIM、GIS 等数字孪生技术，构建城区数字化信息模型，结合物联网、人工智能等技术，实时感知城市运行态势，通过城市大脑实现城市治理高效指挥。

【本条评价方法】

规划设计评价:查阅城区或所在行政区数字孪生系统规划设计方案。

实施运管评价:现场考察和评估数字孪生系统的建设情况与效果。

10.0.13 本条适用于规划设计、实施运管评价。

本条主要是对前面未提及的其他技术和管理创新予以鼓励。对于不在前面绿色生态城区评价指标范围内，但在保护自然环境和生态环境等方面实现良好性能的城区进行引导，通过城区建设对创新的追求以提高绿色生态城区发展水平。

当城区采用了创新的技术和管理措施，并提供了足够证据表明该措施可有效提高环境品质及资源利用效率，此时可得分，本条未列出所有创新项内容。只要申请方能够提供足够相关证明，并通过专家组的评审即可认为满足要求。

【本条评价方法】

规划设计评价:查阅城区绿色生态相关规划及其他相关证明

材料。

实施运管评价:在规划设计评价方法之外,还应现场核实。

10.0.14 本条适用于规划设计、实施运管评价。

创建创新示范项目可获得相应资金支持、提高城区知名度、接受相应的监督指导等,可促进城区更好的建设。因此,本条鼓励绿色生态城区积极创建国内外各类绿色生态相关的创新示范项目,形成规模化生态效益,如碳中和示范区、生态文明先行示范区、人居环境奖、步行和自行车交通系统示范项目、智慧健康养老示范社区、智能建造示范项目、多能互补集成示范工程、无废城市、绿色供应链等。

【本条评价方法】

规划设计评价:查阅相关证书或相关文件。

实施运管评价:查阅相关证书,并现场核实。